COLLECTION

Logique de la science 王

Cette collection accueillera des ouvrages consacrés à la logique et à la philosophie des sciences entendues dans leur sens formel. La logique de la science, un titre emprunté au philosophe américain C.S. Peirce, rend compte de la logique interne du savoir qui peut se décliner en plusieurs versions et il est légitime de parler de logiques au pluriel comme on parle de sciences au pluriel. L'éventail des recherches pourra s'ouvrir pour inviter des analyses portant sur l'intersection et l'héritage commun des traditions philosophiques et scientifiques. Enfin, les travaux d'épistémologie générale ou historique dans les sciences sociales et humaines ne sauraient être exclus dans cet esprit d'ouverture qui doit caractériser l'idée d'une logique interne du discours scientifique. Si le principe de tolérance invoqué par le logicien et philosophe des sciences R. Carnap doit présider à une telle entreprise, c'est pour mieux assurer le rôle de la philosophie comme vigile du savoir.

Le symbole 王 utilisé pour représenter la collection signifie la quantification « effinie » ou illimitée de la logique arithmétique et il est tiré de l'idéogramme pour « wang », roi en langue chinoise.

Yvon Gauthier

UNE HISTOIRE COMPARÉE DE LA PHILOSOPHIE DES SCIENCES

Volume I

AUX SOURCES DU CERCLE DE VIENNE

Jean LEROUX

UNE HISTOIRE COMPARÉE DE LA PHILOSOPHIE DES SCIENCES

Volume I

AUX SOURCES DU CERCLE DE VIENNE

PUL

Presses de
l'Université Laval

Les Presses de l'Université Laval reçoivent chaque année du Conseil des Arts du Canada et de la Société d'aide au développement des entreprises culturelles du Québec une aide financière pour l'ensemble de leur programme de publication.

Nous reconnaissons l'aide financière du gouvernement du Canada par l'entremise de son Programme d'aide au développement de l'industrie de l'édition (PADIÉ) pour nos activités d'édition.

Maquette de couverture : Hélène Saillant
Mise en pages : Mariette Montambault

ISBN 978-2-7637-8788-6
eISBN 9782763707884

Dépôt légal 2e trimestre 2010

Les Presses de l'Université Laval
2305, rue de l'Université
Pavillon Pollack, bureau 3103
Université Laval, Québec
Canada, G1V 0A6

www.pulaval.com

À Muriel

AVANT-PROPOS

Cet ouvrage offre une introduction à la philosophie des sciences par le biais d'une étude historique des développements majeurs qui ont précédé son institutionnalisation comme discipline académique au XXe siècle.

Notre étude prend pour objet la tradition épistémologique antérieure à l'avènement de la logique contemporaine et à l'essor d'une tradition émergente au début du XXe siècle, celle de l'investigation des fondements de la logique et des mathématiques. Le Cercle de Vienne et l'épistémologie des sciences qui en est issue, l'empirisme logique, marquent ce passage de la tradition épistémologique à la tradition logique. La philosophie des sciences se détache alors de la tradition épistémologique pour s'orienter sur la nouvelle problématique fondationnelle. Le nouvel empirisme élaboré par le Cercle de Vienne s'emploie à défendre une forme d'analyse logique et conceptuelle de la science qui, aux yeux des membres du groupe, devait transformer de façon radicale une épistémologie antérieure qu'ils jugeaient encore trop attachée à la méthode historique et trop entachée de psychologisme. Malgré l'impulsion novatrice qu'elle donna à la philosophie des sciences, l'épistémologie du Cercle de Vienne ne peut être justement appréciée sans la prise en compte de cette tradition épistémologique des savants-philosophes qui a fleuri en physique de Helmholtz à Einstein et qui, suite à l'effondrement de l'idéalisme allemand et de ses *philosophies de la nature*, constituait à l'époque la véritable philosophie des sciences.

Les auteurs que nous présenterons, tous d'éminents scientifiques et mathématiciens, ne disposaient pas de la logique moderne comme instrument d'investigation épistémologique de leur science. Initiée par Hermann von Helmholtz, dont le nom est associé au grand mouvement de « retour à Kant » au XIXe siècle, la tradition épistémologique compte parmi les représentants que nous discuterons Heinrich Hertz, Ludwig Boltzmann, Ernst Mach chez les germanophones, Pierre Duhem et Henri Poincaré chez les Français. Chez les derniers, nous soulignerons l'importance accordée à la fonction épistémologique des conventions en science, et la réception qu'en fit le Cercle de Vienne. Quant aux premiers, nous ferons valoir l'importance et l'impact des conceptions fondamentales qu'ils ont développées sur des questions telles que :

- La science doit-elle expliquer, ou doit-elle s'en tenir à décrire les phénomènes naturels ?
- Quels sont les traits fondamentaux de cette description, de cette image que dresse la science des faits, de ce tableau que brosse la science de la réalité ?

Cet ouvrage est destiné aux étudiants de philosophie des sciences, qui seront invités à certains moments à creuser davantage et à chercher par leurs propres moyens des pistes de solution aux questions qui relèvent de la discipline de la philosophie des sciences ; il pourra servir de compagnon ou parent historique à une introduction systématique à la philosophie des sciences contemporaines, en particulier à la philosophie de la physique. Notre présentation des différents auteurs n'a évidemment nulle prétention à l'exhaustivité, ou encore au détail : notre préoccupation majeure est de dégager les idées-forces de chacune des approches présentées et d'ouvrir à une perspective critique qui puisse orienter le lecteur.

Nous avons utilisé les traductions françaises qui étaient disponibles et nous n'avons pas hésité à les modifier au besoin. Lorsque nous utilisons les cotes pour faire référence à ces traductions, l'année de parution utilisée est indiquée entre parenthèses.

INTRODUCTION

> Le monde n'existe pas pour que nous le connaissions, mais pour que nous nous construisions en lui. C'est une idée kantienne.
>
> LICHTENBERG

Philosophie et science

La façon de penser le rapport de la philosophie à l'ensemble des sciences est révélatrice de la conception que l'on se fait de l'épistémologie. Ne serait-ce qu'en raison de son histoire, la philosophie peut être considérée comme une discipline autonome disposant de ses propres concepts et déployant ses propres méthodes. Ce point de vue traditionnel n'affirme pas seulement l'autonomie de la philosophie face aux discours et aux pratiques scientifiques : il conçoit aussi les fondements de la science de façon telle que ceux-ci ne peuvent provenir du sein même de la science. Il revient dès lors à la « philosophie première » – la métaphysique – de fournir à la science ses fondements, et à une branche particulière de la philosophie – l'épistémologie – d'évaluer les prétentions au savoir et, ce faisant, d'exhiber ce qui constitue les traits caractéristiques de la connaissance scientifique.

Que ce soit dans une optique cartésienne visant des principes qui sont à la base de toute connaissance, où dans une optique kantienne tentant de dégager les mécanismes qui cautionnent la connaissance scientifique et rendent intelligible sa possibilité même, cette conception traditionnelle s'oppose à tout ce qui pourrait s'appeler, à la suite de Quine, l'épistémologie naturalisée, où la philosophie devient partie intégrante de la science constituée[1]. Pour le philosophe américain, dont les prédilections pour les questions d'ordre ontologique sont très marquées, philosophie et science cherchent ultimement à répondre à la même question : « Qu'est-ce qui existe ? », à la différence près que les questions d'existence qui alimentent la réflexion des philosophes sont plus générales et plus éloignées du sol empirique que celles des scientifiques. Quine a repris à son compte l'analogie formulée à plusieurs reprises par Otto Neurath :

> Nous sommes tels des navigateurs obligés de reconstruire leur bateau en haute mer, sans jamais pouvoir le démonter dans un dock et de le rebâtir à neuf avec de meilleures pièces[2].

C'est dire qu'en matière de philosophie comme en tout, on doit faire avec ce qu'on a et ce qu'on a, c'est la science. Il ne s'agit surtout pas, toujours selon ce point de vue, de mettre la science en retrait par quelque doute cartésien ou par quelque mise entre parenthèses husserlienne. S'aidant des moyens du bord, on tente de se fabriquer une théorie de ce qui est :

> À l'opposé de l'ancienne épistémologie, nous ne cherchons d'autres bases plus solides pour la science que celles de la science elle-même ; il nous est alors loisible d'en analyser les racines à même ses propres fruits[3].

Cette conception de la philosophie et de la science comme œuvrant à une même tâche s'apparente à celle du philosophe anglais Bertrand Russell, pour qui les questions réputées d'ordre philosophique ont plus ou moins le statut de questions qui, à défaut de solutions arrêtées, n'ont pas encore été incorporées à l'ensemble des questions établies comme étant de nature scientifique. C'est ainsi que Russell s'exprime dans son *Introduction à la philosophie mathématique :*

> Le nom de « philosophie » est plutôt impropre pour une large part des contenus présentés dans les chapitres qui suivent, bien qu'en l'absence d'une élaboration véritablement scientifique de ces sujets, on les ait longtemps rangés dans la philosophie. La question de la nature de l'infini et du continu, par exemple, était autrefois considérée comme faisant partie de la philosophie : elle appartient maintenant aux mathématiques. On peut penser qu'au sens strict, la philosophie mathématique n'a pas à inclure en elle les résultats définitifs obtenus dans ce domaine ; on s'attendrait à ce que la philosophie des mathématiques s'occupe de

questions situées aux frontières du savoir, celles où fait encore défaut une certitude au moins relative[4].

Philosophie à l'avant-garde de la science ou philosophie spécialiste des questions laissées pour compte ? Pour sa part, J. L. Austin concevait plutôt la philosophie comme étant condamnée à s'occuper de ce que la science lui laisse comme problèmes résiduels :

> Je crois que la seule façon de définir l'objet de la philosophie, c'est de dire qu'elle s'occupe de tous les résidus, de tous les problèmes qui restent encore insolubles, après que l'on a essayé toutes les méthodes éprouvées ailleurs. Elle est le dépotoir de tous les laissés pour compte des autres sciences, où se retrouve tout ce dont on ne sait pas comment le prendre. Dès que l'on trouve une méthode respectable et sûre pour traiter une partie de ces problèmes résiduels, aussitôt une science nouvelle se forme qui tend à se détacher de la philosophie au fur et à mesure qu'elle définit mieux son objet et qu'elle affirme son autorité[5].

Sisyphe et non plus reine des sciences, la philosophie se verrait dépossédée de son discours dès que celui-ci accède à une positivité dont la science se réclame. Il est vrai qu'à ce titre, beaucoup de ce qui s'appelait philosophie encore au XIXe siècle ressort aujourd'hui de la psychologie. Nous aurons d'ailleurs l'occasion de voir comment l'empirisme logique fut particulièrement sensible à cet état de choses et comment il procéda à reformuler autant sa thèse centrale que son programme épistémologique dans un langage qui soit exempt de toute trace de psychologisme.

Que la philosophie tire avantage à emprunter la voie des sciences est sans doute l'idée la mieux partagée par l'ensemble des épistémologues de la modernité. Mais de quelles sciences emprunter ? On a bien sûr jadis pensé à des modèles de rigueur, tels ceux de la géométrie, où la philosophie verrait à ordonner nos connaissances *more geometrico* (il y a en géométrie un ordre des théorèmes, dont certains sont requis dans la preuve de théorèmes ultérieurs), ou de la mathématique (comme gage de certitude). Les mêmes conceptions plus récentes entrevoient plutôt une philosophie qui emprunte à l'ensemble des sciences maintenant établies, pour devenir partenaire à droit égal. La question de l'autonomie de la philosophie par rapport aux autres sciences perd ainsi de sa pertinence. On ne manquera pas de remarquer que l'autonomie des sciences positives, comme, par exemple, la physique ou la linguistique, est elle-même très relative ; la physique fondamentale est trop tributaire des mathématiques, et les recherches de pointe en science cognitive, en neurolinguistique, en psychologie, etc., trop interpénétrées, pour qu'il soit utile de s'attarder sur ce lieu commun. La récente philosophie de l'esprit l'a compris. Pourquoi en irait-il autrement pour le rapport général de la philosophie à la science ? Bien qu'elle intègre – et de façon particulièrement marquée dans la tradition française – sa propre histoire à son domaine d'études, la philosophie doit aussi se nourrir de ce qui n'est pas elle (comme l'intellectuel se nourrit de tout ce qui lui échappe). Une philosophie qui ne se nourrirait que d'elle-même nous semblerait particulièrement stérile du point de vue épistémologique[6].

On pourrait également concevoir la philosophie des sciences comme discipline qui, par opposition aux sciences, prend pour objet non pas des systèmes concrets, mais plutôt l'ensemble des théories scientifiques portant sur ces systèmes. Une telle approche métathéorique peut prendre ici deux sens. La philosophie des sciences doit-elle se comprendre comme « science de la science » ou comme théorie des sciences ? La première branche de l'alternative fait de la philosophie des sciences une théorie des sciences empiriques qui est elle-même empirique et qui puise à volonté dans l'arsenal conceptuel des divers domaines de la théorisation scientifique[7]. L'épistémologie devenue naturelle, c'est-à-dire empirique, participe certes d'un tel nivellement de la philosophie et de la science. Comme l'exprime Quine à propos du naturalisme :

> Les motivations sont philosophiques, comme elles tendent d'ailleurs à l'être en science, et l'investigation procède sans aucun égard aux frontières disciplinaires mais en tout respect pour les disciplines elles-mêmes et avec l'appétit du savoir qu'elles peuvent insuffler[8].

La seconde branche de l'alternative consiste à concevoir la philosophie comme discipline non pas empirique, mais plutôt apparentée à la logique[9]. C'est celle qu'exemplifia Rudolf Carnap, qui en vint à considérer la philosophie comme discipline formelle qui analyse les divers cadres linguistiques empruntés par la science et qui en élabore la syntaxe, la sémantique et par la suite la pragmatique[10]. C'est dire qu'elle théorise les diverses formes de langages scientifiques, qu'elle en analyse les divers contenus signifiés et en mesure l'adéquation par rapport à l'action humaine. Poser l'accessibilité de l'objet d'étude de la philosophie des sciences aux formes actuelles que prend l'étude du langage ne revient pas à affirmer que les théories scientifiques ne sont que des entités langagières, ou que la philosophie est affaire de linguistique. D'ailleurs, l'approche qui prévaut actuellement en philosophie des sciences considère qu'une théorie scientifique est d'emblée une entité conceptuelle, une interprétation des phénomènes naturels, et elle préfère des instruments d'analyse qui sont de nature mathématique plutôt que métalogique. Mais il n'en demeure pas moins que la matérialité des théories scientifiques est de la nature du texte. Cette conception de la philosophie des sciences comme logique des sciences s'est majoritairement implantée parmi les membres du Cercle de Vienne à la suite de l'essor de la logique contemporaine dû aux travaux fondateurs du mathématicien et logicien allemand Gottlob Frege[11]. Les empiristes logiques étaient tout à fait conscients de rompre ainsi avec le positivisme de leur temps, dont le plus éminent représentant était justement celui qu'ils avaient choisi comme patronyme de leur association, Ernst Mach. Quine aurait pu tout aussi bien utiliser les conceptions de Mach sur le rapport qu'entretiennent philosophie et science pour exemplifier le point de vue d'une philosophie qui vise aux mêmes buts que la science. Au chapitre premier de *La connaissance et l'erreur*, Mach s'exprime ainsi sur la différence entre la pensée scientifique et la pensée philosophique :

> Le philosophe cherche à s'orienter dans l'ensemble des faits d'une façon universelle aussi complète que possible ; par là même il est obligé d'emprunter à la science des éléments pour sa construction. Le savant n'a d'abord à envisager et à étudier un domaine de faits plus restreint. Mais, en vue du but actuel qu'il se propose à chaque instant, c'est toujours d'une façon arbitraire et brutale que l'homme sépare les faits les uns des autres, et les limites du domaine offert à chaque spécialiste se trouvent de plus en plus reculées par le progrès de la recherche scientifique. Tout spécialiste se rend compte finalement que les résultats obtenus dans les autres branches par d'autres savants doivent contribuer à l'orienter lui-même dans sa spécialité. C'est la fusion de ces spécialités qui apportera la conception du monde, vers laquelle tendent tous les spécialistes.
>
> L'imperfection des résultats que les savants peuvent obtenir les conduit, chemin faisant, à faire des emprunts plus ou moins avoués à la pensée philosophique. Le but ultime de toute recherche est ainsi le même[12].

C'est surtout en raison de l'attrait des formidables moyens d'analyse qu'avait mis à leur disposition la « nouvelle logique » que le Cercle de Vienne dévia de la tradition épistémologique ambiante

[*Erkenntnistheorie*], c'est-à-dire le néokantisme et la tradition des savants-philosophes (de Helmholtz à Einstein), pour frayer les avenues d'une logique des sciences [*Wissenschaftslogik*] qui devait devenir plus tard théorie des sciences [*Wissenschaftstheorie*]. Nous reviendrons sur ce tournant linguistique qu'ils espéraient donner à la philosophie. Il suffit pour l'instant de souligner que les premiers auteurs qui seront traités dans cet ouvrage (et sur lesquels s'articulera l'ensemble de notre problématique) logent à l'enseigne de cette conception de la philosophie des sciences comme activité métathéorique qui emprunte ses méthodes et concepts à la logique.

L'épistémologie comparée

Une remarque s'impose à l'idée de dire que la philosophie se fait dans la métathéorie ou qu'elle est de nature métalangagière. La distinction entre langage-objet et métalangage fut introduite par Tarski dans le contexte d'investigations portant sur la notion de vérité dans les langues formelles[13]. Il est certes exact de dire que Tarski a réhabilité la notion de vérité, qui était tombée en discrédit à la suite de l'apparition de nombreux paradoxes sémantiques dans la problématique des fondements des mathématiques du début du siècle. Parmi les paradoxes d'ordre sémantique, le plus célèbre est sans aucun doute l'antinomie du menteur, connue depuis l'Antiquité grecque. L'énoncé : « Cet énoncé est faux » a ceci de paradoxal qu'il doit être considéré comme faux s'il est vrai, et comme vrai s'il est faux. Les investigations logiques identifièrent la source de l'antinomie dans le fait que l'énoncé en question porte sur sa propre valeur de vérité. On peut se rendre compte du caractère épineux d'un tel diagnostic si l'on considère que c'est la notion même de vérité qui se trouve ici mise en cause ; tout discours sur la vérité d'un énoncé ou d'un ensemble d'énoncés (même des énoncés de la mathématique) était passible de contresens. C'est en prenant acte du caractère sémantique de la notion de vérité que Tarski entreprit d'en proposer une définition utilisable.

On parvient à la notion sémantique de vérité en acceptant d'abord le présupposé que la vérité et la fausseté sont prédiquées, à strictement parler, d'énoncés, c'est-à-dire d'entités langagières. Le langage courant permet certes de prédiquer la vérité d'entités mentales (une « idée vraie », un « faux espoir »), voire d'entités physiques (un « vrai »

Rembrandt, une « fausse » pièce de monnaie), mais cet emploi ne recouvre pas les notions de « vrai » et de « faux » qu'entend traiter la logique. Bref, le lieu que Tarski donne à la vérité n'est ni dans notre esprit ni dans le monde, mais dans le langage. De plus, il s'agit de considérer sur le plan intuitif la relation étroite et non réciproque qui existe entre vérité et signification. Si l'on peut effectivement très bien savoir ce qu'un énoncé veut dire sans savoir s'il est vrai ou faux, l'inverse ne tient pas : d'un énoncé dont on ignore la signification, on ne peut juger s'il est vrai ou faux. Le sens se révèle ainsi condition de vérité. La voie qu'emprunta Tarski fut de mettre en retrait le langage – ce que l'on peut faire lorsqu'on considère un langage formel – et d'identifier la détermination du sens d'un énoncé de ce langage à la donnée de ses conditions de vérité.

La distinction entre langage-objet et métalangage a trait aux techniques que Tarski utilisa pour éviter l'apparition des antinomies sémantiques dans un langage formel pour lequel la notion de vérité est définie. Il s'agit foncièrement d'éviter d'inclure les termes « vrai » et « faux » dans les moyens d'expression du langage formel comme tel. La notion de vérité n'apparaît dès lors que dans le métalangage du langage en question, c'est-à-dire dans le langage employé pour déterminer le langage formel qui fait l'objet des investigations, le langage-objet. C'est dans le métalangage qu'est donnée, à la suite de sa détermination syntaxique, l'interprétation visée du langage formel. De façon générale, la notion sémantique de vérité établie par Tarski se fonde sur l'idée qu'un langage formel (d'emblée un simple calcul, un système de signes sans interprétation autre que les règles gouvernant leur concaténation) devient un langage interprété (muni de sens) lorsque sont données dans son métalangage les conditions de vérité de ses énoncés. Tarski montra comment, moyennant certaines conditions (dont celle-ci à l'effet que le métalangage soit muni d'une logique plus forte que le langage-objet), on peut produire pour des langages élémentaires une définition récursive du concept de vérité qui soit adéquate sur le plan formel. Il montra également que la notion ainsi définie recouvrait la notion intuitive de vérité comme correspondance aux faits (ce qu'il considérait être le critère d'adéquation matérielle de sa définition).

Cette brève incursion dans les travaux de Tarski suffit à montrer que la notion de métalangage n'a véritablement d'usage que dans le contexte de la construction de langages formels où règnent des motivations et préoccupations d'ordre logique. Appliquée aux langues courantes, la notion de métalangage n'a qu'une valeur métaphorique. C'est ainsi que nous récusons et évitons l'appellation « métaépistémologie » pour désigner la teneur de cet ouvrage qui porte sur plusieurs approches épistémologiques et en fait l'évaluation critique. Notre étude comparative n'a absolument pas le dessein de s'interroger sur ces approches quant à leur vérité ou leur fausseté, et de toute façon, une balance qui pèse des balances n'est pas une « métabalance ».

L'expression « épistémologie comparée » se veut un emprunt à la linguistique historique comparative qui a mené au XIXe siècle l'étude du langage au rang de discipline scientifique. Cette filiation appelle à deux commentaires, le premier touchant à la substance, le second concernant la méthode. De même que la grammaire comparative s'est développée en faisant l'économie du postulat de l'existence d'une grammaire universelle, de même notre point de vue sur l'épistémologie comparée ne prétend pas déboucher sur une épistémologie générale[14]. Parallèlement, de même que les premiers comparatistes ont dû affirmer le principe que l'étude comparée des langues et de leur évolution doit s'appuyer non pas sur des éléments lexicaux, mais sur la structure entière (la grammaire) de celles-ci, de même, notre étude comparée des différentes prises de position sur des thèmes et des problèmes typiques de la philosophie des sciences devra se faire sur la base d'une prise en compte des approches épistémologiques entières dans lesquelles celles-ci ont leur lieu[15].

NOTES DE L'INTRODUCTION

1. V. Quine, « Epistemology Naturalized », in *id.*, *Ontological Relativity and Other Essays*, New York, Columbia University Press, 1969, 69-90 ; « L'épistémologie devenue naturelle », in *id.*, *Relativité de l'ontologie et autres essais*, tr. J. Largeault, Paris, Aubier, 1977, 83-105. Les tenants du naturalisme décrient la conception traditionnelle de la philosophie des sciences comme étant « justificationniste », tout en invitant à renoncer aux « fondements ».
2. Neurath, O., 1932 (1985), 223. Voir également Cartwright, N. *et al.*, 1996, seconde partie.
3. W. V. Quine, *From Stimulus to Science*, Cambridge (MA), Harvard University Press, 1995, 16.
4. Bertrand Russell, *Introduction to Mathematical Philosophy*, Londres, Allen & Unwin, 1921 ; *Introduction à la philosophie mathématique*, tr. F. Rivenc, Paris, Payot, 1991, 29-30. En ce sens, on pourrait soutenir que la philosophie des mathématiques n'existe plus, ayant été prise en charge par la mathématique et se développant dans des disciplines (théorie de la démonstration, théorie des modèles) qui sont tout aussi rigoureuses, sinon plus, que la mathématique elle-même.
5. John Longshaw Austin, *La philosophie analytique*, Paris, Minuit, 1962, 292-293, cité par Paul Gochet, *Quine en perspective*, Paris, Flammarion, 1978, 11.
6. On pense ici au titre d'un ouvrage de Jacques Bouveresse, *La philosophie chez les autophages* (Paris, Minuit, 1984). Bouveresse adopte également un point de vue anti-fondationnaliste en ce qui concerne la relation de la philosophie à la science : « La philosophie n'est pas une entreprise de fondation, tout simplement parce que nous n'avons nul besoin du genre de fondements qu'elle prétend fournir. » (*Le philosophe et le réel. Entretiens avec Jean-Jacques Rosat*, Paris, Hachette Littératures, 1998, 17).
7. Stanislaw Ossowiski et Maria Ossowska (voir « The Science of Science » (1935), repris dans R. Walentynowicz (éd.), *Polish Contributions to the Science of Science*, Dordrecht, Reidel, 1982) utilisent l'expression « science de la science » dans leur formulation programmatique d'une sociologie des sciences. Quant au terme : « métascience », il est souvent associé à Gérard Radnitzky (*Contemporary Schools of Metascience*, Gøteborg, Akademiførlaget, 1968 ; 3e éd. augm., Regnery, Chicago, 1973), qui empruntera éventuellement aux sciences économiques (analyses coût-bénéfice) pour traiter des critères qui prévalent lors du choix entre théories scientifiques rivales.
8. W. V. Quine, *From Stimulus to Science*, Cambridge (MA), Harvard University Press, 1995, 16.
9. C'est clairement la position de Carnap. Le Cercle de Vienne ne faisait pas l'unanimité sur ce point. Neurath, part exemple, avait une position dont s'est réclamé le naturalisme de Quine – ce qui permet à Dominique Lecourt d'interpréter le « néo-positivisme logique » comme une science de la science (Lecourt, D., 1972, 7-8). L'expression « philosophie scientifique » contient toute l'ambivalence de la question.

10. Carnap reprenait ainsi à son compte la tripartition de Charles W. Morris (*Foundations of the Theory of Signs*, Chicago, The University of Chicago Press, 1938), pour qui toute étude du langage devait procéder à l'analyse des relations entre les signes (la syntaxe), l'analyse des relations entre les signes et leur valeur d'usage (c'est-à-dire leur sens, donc la sémantique), et l'analyse des relations encore plus complexes entre les signes et leur contexte d'utilisation (la pragmatique, cette dernière prenant en compte l'utilisateur du signe).

11. Voir Frege, G., 1879.

12. Mach, E., 1905 (1908), 14-15.

13. Voir Tarski, A, 1936 (1972), 157-169 ; 1944 (1974), 264-305. Tarski, A., 1936 est la traduction allemande de l'original polonais (1933) et contient une postface.

14. En ce sens, notre point de vue diffère de celui de Robert Nadeau (« Cassirer et le programme d'une épistémologie comparée : trois critiques », in J. Seidengart (éd.), *Ernst Cassirer. De Marbourg à New York*, Paris, Cerf, 1990, 201-218), pour qui le projet de Cassirer d'une philosophie des formes symboliques représentait un programme d'épistémologie comparée s'insérant dans le cadre d'un système plus global qui embrasse toutes les formes de la pensée.

15. Giedymin, J. (1982, vii) et Miller, A. I. (1986, 11 sq.) utilisent l'expression « Comparative Epistemology ». Nous allons par ailleurs dans le sens de Dominique Lecourt : « Il nous manque une histoire de l'épistémologie – une histoire qui prendrait nécessairement la forme d'une *épistémologie comparée…* » (Lecourt, D., 1975, 9) en concevant l'épistémologie comparée comme une discipline relevant essentiellement de l'histoire de la philosophie des sciences.

LA TRADITION DES SAVANTS-PHILOSOPHES

Chapitre premier

L'HÉRITAGE KANTIEN

L'expression « savants-philosophes » veut désigner ces chercheurs qui ont fait une œuvre scientifique majeure et qui, par esprit de rigueur et dans leur désir d'atteindre à la généralité sur le plan de la connaissance, ont développé une épistémologie originale tout en l'intégrant à leurs recherches scientifiques. Les pratiques théoriques de ces scientifiques étaient autant en amont qu'en aval de leurs conceptions philosophiques. Physiciens pour la plupart, ils ne se sont pas contentés de « se déclarer kantiens le dimanche », à une époque où certaines arrogances de la philosophie de la nature développée par l'idéalisme allemand ramenaient à Kant la presque totalité de leur communauté scientifique. C'est ainsi que, sans porter atteinte à l'originalité de ce qu'ils ont parfois élaboré au sein même de leur œuvre scientifique, on a avantage à mettre leurs conceptions épistémologiques en rapport avec le criticisme kantien. À cet effet, nous élaborerons d'abord certaines considérations entourant la notion de *vérité* discutée au dernier chapitre.

On sait que Kant s'était donné pour tâche, dans la *Critique de la raison pure*, d'inventorier nos facultés de connaissance, celle-ci étant foncièrement entendue comme « représentation de l'objet ». Il avait dégagé deux facultés de représentation, la sensibilité et l'entendement, qu'il considérait comme mutuellement exclusives. La première, purement réceptive, était celle par quoi les objets nous sont donnés ; la seconde, « spontanée », était celle par quoi nous pensons les objets. De façon générale, Kant nommait « intuitions » les représentations issues de nos facultés des sens, et « concepts » les représentations produites par nos facultés de penser. Le célèbre adage voulant que nos concepts, sans intuitions, soient vides, et que nos intuitions, sans concepts, soient aveugles, rappelait la nécessité d'une participation commune des deux facultés dans la formation d'une connaissance qui soit objectivement valide : l'objet *connu* est un objet à la fois *donné* et *pensé*. Comme le résume bien Robert Leroux :

> Alors que Leibniz et Wolf qui n'apercevaient entre les sens et l'entendement qu'une différence de degré, les premiers fournissant une représentation confuse que l'entendement se contentait d'éclaircir, – ces facultés ont été radicalement séparées par Kant et conçues par lui comme les conditions nécessaires de toute connaissance, la sensibilité fournissant la matière de celle-ci, l'entendement en fournissant la forme parce qu'il pense à la fois les concepts logiques et au-dessus de ceux-ci les concepts purs ou catégories, conditions de l'unité que nous imposons aux choses[1].

Parmi les tâches primordiales que se fixait la *Critique*, il y avait donc celle de dégager les règles de la sensibilité et les règles de la pensée. Mais dégager les règles de la pensée ne faisait-il pas double emploi avec la logique ? Concevoir, juger et raisonner, telles étaient les « trois opérations de l'esprit » mises à jour et codifiées par la logique d'Aristote[2]. Les traités de logique comportaient conformément trois parties : une « doctrine des éléments » (logique des termes ou des notions), une « doctrine des jugements » et une « doctrine des raisonnements ». À la suite d'une innovation due à Pierre La Ramée, pour qui « ordonner » était une opération de l'esprit omise par la logique d'Aristote, certains ouvrages, dont la célèbre *Logique de Port-Royal* d'Arnaud et Nicole, ajoutaient un chapitre de méthode portant sur l'ordonnance de nos raisonnements[3]. En divisant la *Critique de la raison pure* en une *Analytique transcendantale*, une *Dialectique transcendantale* (scindée en une « Dialectique des jugements » et une « Dialectique des raisonnements ») et une *Méthodologie transcendantale* (portant sur l'architectonique du savoir), Kant donnait à son ouvrage la structure d'un manuel de logique. La *Critique* avait cependant ceci de particulier et de novateur qu'elle visait à établir une logique qui ne soit pas purement formelle et générale, mais qui prenne en compte les contenus et les modes spécifiques de connaissance.

Un des points fondamentaux de la doctrine kantienne est que nous n'avons pas accès à la connaissance des choses telles qu'elles sont ; nous les connaissons telles qu'elles nous apparaissent et telles que nous les concevons. À quoi pourrait-on bien comparer nos représentations, sinon encore à des représentations ? La nature des objets en eux-mêmes nous demeure entièrement inconnue et il serait vain de vouloir comparer l'objet ontique (la chose en soi) avec l'objet épistémique (la chose connue).

Un tel principe rend d'emblée caduc tout concept de vérité en tant qu'accord de la représentation de la chose à la chose elle-même. Dans l'Introduction de la *Logique transcendantale*, Kant tient explicitement pour acquis la définition de la vérité comme accord de la connaissance avec son objet. Abordant la question des conditions de vérité de la représentation de l'objet, il affirme que la recherche d'un critère général de vérité est dénuée de sens, et que toute réponse à cette question ne pourrait qu'ajouter du non-sens à du non-sens. C'est d'ailleurs un des rares endroits de la *Critique de la raison pure* où Kant donne dans l'humour :

> C'est déjà une grande preuve de sagesse et de lucidité que de savoir ce que l'on peut raisonnablement demander. En effet, si la question est absurde et appelle des réponses oiseuses, elle peut, en plus d'humilier celui qui la soulève, avoir également de temps à l'autre l'inconvénient de porter l'auditeur qui n'est pas sur ses gardes à des réponses absurdes, offrant ainsi le spectacle ridicule de deux personnes dont (comme disaient les anciens) l'une trait le bouc, tandis que l'autre tend un tamis[4].

Un critère universel de vérité objective serait une contradiction dans les termes, car il devrait faire abstraction du contenu de la représentation, alors que la vérité, conçue comme *adequatio rei*, vise précisément ce contenu. Il s'agit alors de penser autrement les voies offertes à la théorie de la connaissance. Comme le remarque Catherine Chevalley,

> Au lieu de chercher à fonder, dogmatiquement ou empiriquement, l'accord entre les idées et les choses, on doit plutôt se préoccuper de l'accord entre nos différents genres de représentations dans la construction de l'objet[5].

Kant concevait néanmoins la *Logique transcendantale* comme une « logique de la vérité » (et non une « logique de l'apparence »). Au principe de non-contradiction qui est le principe suprême de la logique générale, la logique transcendantale ajoutait les principes sans lesquels aucun objet ne peut être pensé, ni donc connu. Ainsi, les concepts purs de l'entendement qu'elle dégage sont des principes qui conduisent à la vérité, c'est-à-dire à l'accord de la pensée à son objet ; mais ils demeureront toujours en ça de constituer des critères généraux de vérité, pour n'être que des « conditions formelles de la vérité empirique »[6].

Cette omission, de la part des savants-philosophes, des questions de vérité, au profit de celles qui entourent le processus d'objectivation des concepts, tient plus d'un héritage kantien que d'une fidélité à Kant :

> Pour comprendre en particulier comment des jugements synthétiques *a priori* sont possibles, ce qui est le problème général de la raison pure, il faut pouvoir déterminer comment les concepts purs de l'entendement peuvent s'appliquer aux intuitions : c'est à ce point qu'intervient le Schématisme, qui permet de subsumer un objet sous un concept, mais qui reste un « art caché dans les profondeurs de l'entendement humain ». [...]
>
> Or, ce sont précisément les mécanismes de l'objectivation qui apparaissent aux successeurs de Kant, et particulièrement à Helmholtz, comme des procédés problématiques, dont le repérage est source de questions nouvelles. Cette forme particulière que prend le rapport à Kant, qui est différente de ce que l'on peut apprendre aujourd'hui de l'histoire de la philosophie, détermine en grande partie la signification de l'*Erkenntnistheorie* au début du XXe siècle[7].

L'épistémologie des savants-philosophes a plus ou moins ignoré la notion intuitive de vérité comme correspondance au réel. En tout état de cause, on fit l'économie de tout concept de vérité en science qui ne soit pas de teneur pragmatique. La notion de vérité- correspondance y était soit absente, soit récusée. Mise en veilleuse par les savants et, on l'a vu, mise en question par les logiciens, la notion de vérité dut attendre à Tarski pour regagner audience en philosophie des sciences, suite à l'établissement de la sémantique logique (qui se base sur la notion de vérité) et à sa mise à contribution dans l'analyse des théories physiques et des formalismes logico-mathématiques qu'elles incorporent. La prépondérance actuelle des prises de position en faveur du réalisme scientifique n'est pas étrangère à ce fait ; elle tient plus des moyens d'analyse sémantique utilisés (qui établissent un lien entre *sens* et *conditions de vérité*) que d'une analyse des pratiques théoriques en science.

Helmholtz

Hermann von Helmholtz (1821-1894) élabore une théorie de la perception qu'il conçoit d'une part comme le parachèvement scientifique de la philosophie kantienne et, d'autre part, comme l'extension épistémologique de ses propres investigations en physiologie optique et acoustique[8].

En fait, Helmholtz développe le premier de façon systématique ce qu'il est convenu d'appeler, suite à la reprise par Wittgenstein dans le *Tractatus* des conceptions de Hertz, une « théorie de l'image » [*Bildtheorie*]. Ayant à sa source l'idée que nos sensations sont des *signes*, cette conception sera rapidement généralisée à la théorie scientifique entière (en fait, la théorie de l'image fait fonction de théorie de la connaissance, cette dernière étant dorénavant envisagée dans sa dimension de *représentation symbolique*). Nous aurons l'occasion de discuter les traits distinctifs qu'elle prend chez différents auteurs, tout en gardant en mémoire qu'elle était le lot commun des scientifiques du temps où Wittgenstein, grâce à sa connaissance de la « nouvelle logique » des Frege et Russell, l'utilisera à son compte dans la formulation de ses conceptions sur la logique. Ainsi, Helmholtz est celui dont l'auteur de la *Philosophie des formes symboliques* et de l'*Erkenntnisproblem* dira qu'il « a inventé un lien nouveau entre les sciences empiriques et la philosophie » et qu'il a donné au mouvement de *Retour à Kant* « son premier caractère distinctif »[9].

Pour fixer les idées, on peut entendre par « théorie de l'image » toute conception qui a) prend pour point de départ le fait que les théories scientifiques s'incarnent dans un système de signes et b) comporte un traitement systématique de la relation qui existe entre le système sémiotique et son domaine de référence. Essentiellement, une telle théorie voudra rendre compte de la fonction descriptive de notre image scientifique du monde en tentant une réponse à la question : Que faut-il pour qu'une image soit une image de quelque chose ? Cette question reformule, *mutatis mutandis,* la question kantienne des conditions de possibilité de la connaissance = représentation, lorsque cette dernière est approchée en tant que représentation homéomorphique [*abbildende Beziehung*]. Par ailleurs, les théories de l'image préfigurent l'approche sémantique contemporaine qui consiste à caractériser les théories scientifiques par leurs modèles[10].

Les allégeances kantiennes de Helmholtz sont bien connues, malgré son regret exprimé que l'analyse des sensations dans *l'Esthétique transcendantale* ait été l'enfant négligé de la *Critique de la raison pure*[11]. Reprenant (pour l'amender sur la base de la théorie des « signes locaux » de Lotze) la « théorie des énergies spécifiques » de son ancien professeur J. Mueller, Helmholtz adopte la thèse voulant que la modalité des sensations (visuelles, auditives, tactiles, etc.) ne dépende que de la nature du nerf excité, et nullement des propriétés intrinsèques des objets qui causent l'excitation du nerf[12]. C'est dire que sur le plan qualitatif, les sensations ne reflètent pas les propriétés des choses mêmes, relevant plutôt de la composition physiologique de l'appareil sensoriel. Helmholtz s'emploiera à développer une conception des sensations en tant que simples signes ou symboles, ne possédant aucun lien de ressemblance avec les objets qui les causent :

> Nos sensations sont justement des effets produits dans nos organes par des causes extérieures. Évidemment, la façon dont se manifeste un tel effet dépend essentiellement de la nature de l'appareil sur lequel il se produit. Dans la mesure où la qualité de nos sensations nous informe de la particularité des influences extérieures qui les suscitent, elle peut valoir comme *un signe*, mais non comme une *image* [*Abbild*] de celle-ci. Car on exige d'une image qu'elle possède une certaine similitude avec l'objet représenté [...]. Mais un signe n'a besoin d'aucune sorte de ressemblance avec ce dont il est le signe. La relation de l'un à l'autre se limite à ce que le même objet, exerçant une influence sous les mêmes conditions, produit le même signe, et donc à ce que des signes différents correspondent toujours à des influences différentes[13].

Que nos sensations soient uniquement des *signes*, et non des *images* des choses, peut sembler mettre en question notre pouvoir de nous former une image de la réalité, ou à tout le moins une image objective de la réalité. Mais le temps, allié au principe de causalité, fait bien les choses. « Le seul rapport, écrit Helmholtz, sous lequel notre perception puisse être véritablement conforme à la réalité est la suite des temps où se passent les faits avec leurs différentes particularités »[14]. Puisqu'il y a un lien de causalité entre le signe/sensation et l'objet qui le cause, et puisque le principe de causalité nous assure que dans des conditions identiques, les mêmes causes produisent les mêmes effets, différents signes, en tant qu'effets, renverront toujours à différentes causes. Ce caractère biunivoque du lien qui unit dans leur succession temporelle les sensations/signes avec les événements qui en sont la cause fait en sorte que la régularité que nous découvrons dans la séquence temporelle de nos sensations est une image, et non simplement un signe, de la légalité qui règne dans le monde des choses :

> Je n'ai pas à discuter le fait qu'il est contradictoire de vouloir se représenter le réel ou la chose en soi de Kant à l'aide de déterminations directes qui ne tiennent pas compte de la forme de notre représentation. Ce point est souvent débattu. Ce que nous pouvons atteindre, toutefois, c'est la connaissance de l'ordre légal dans le domaine du réel, celui-ci ne pouvant certes uniquement être que présenté dans le système de signes que constituent nos impressions sensorielles[15].

Si nous ne pouvons pas savoir à quoi correspondent nos sensations dans l'ordre des choses, en revanche, le principe de causalité nous assure que toute différence dans l'ordre des signes sensoriels correspond à une différence dans l'ordre des choses. Nous pouvons nous faire une image objective de la réalité, mais celle-ci n'est objective qu'en tant qu'image des changements et des lois qui régissent ces changements.

Accordant un statut transcendantal (au sens kantien) au principe de causalité, Helmholtz soutient une forme de réalisme nomologique (réalisme des lois causales). La causalité, qu'il associe au nomologique [*Gesetzmäßikeit*, caractère de légalité], est pour lui à la fois principe de l'intelligibilité du monde, de la constitution de l'expérience, et de l'existence de la réalité. Helmholtz s'est approprié la conception fichtéenne selon laquelle la conscience en vient à se constituer une réalité extérieure par les limitations auxquelles elle se heurte dans ses actes de volition[16].

Comme tout signe, ces signes que sont nos sensations sont soumis à l'interprétation. Cette interprétation des sensations procède pour Helmholtz à un niveau infralinguistique où œuvre, à rebours, pour ainsi dire, le principe de causalité :

> Les activités psychiques qui nous amènent à conclure qu'un objet déterminé, de structure déterminée, se trouve dans un endroit déterminé qui est en dehors de nous, ne sont pas, en général, des actes conscients mais des actes inconscients. Dans leurs résultats, ils sont analogues à des *conclusions*, puisque l'effet que nous observons sur nos sens nous amène à nous représenter une cause de cet effet ; mais en réalité nous ne pouvons percevoir directement que les excitations nerveuses, c'est-à-dire les effets et jamais les objets extérieurs. [...] Ces jugements inconscients par

> lesquels nous remontons à leurs causes, appartiennent, par leurs résultats, à ce qu'on appelle des jugements par induction[17].

Nous apprenons à déchiffrer les signes que sont nos sensations en les comparant à l'effet de nos mouvements et des changements que nous produisons par ces mouvements dans le monde extérieur. Sans notre intervention active, nos sensations ne suffiraient pas à constituer ce qu'on appelle l'expérience, ni même la réalité. Ce n'est qu'en comparant des sensations données avec celles qui résultent de notre action, que nous les interprétons pour qu'ainsi vienne à se constituer une véritable expérience. Prenant exemple sur notre expérience kinesthésique de l'espace, Helmholtz illustre comment nous apprenons à interpréter nos sensations en les comparant avec les effets de nos mouvements. Les sensations qui changent dans le déplacement sont celles qui proviennent des objets extérieurs ; les autres contenus d'expérience, tels les souvenirs, les intentions, les désirs et les émotions, ne subissent pas de changement dans le cours de ces actions ou, du moins, ne subissent que des changements contingents et non systématiques. Certains changements dépendent de notre volonté, d'autres dépendent de la nature de l'objet senti. C'est ainsi que la conscience s'instruit de façon expérimentale des sensations qui peuvent être modifiées uniquement par sa volonté, et de celles qui ne le peuvent pas. Enfin, cette différence entre les forces sur lesquelles elle peut agir (celles qui produisent les effets que sont les sensations), et celles sur lesquelles elle ne le peut pas, conduit la conscience à poser elle-même l'existence d'un pouvoir étranger, appelons-le : monde extérieur. Cette approche, où le Moi se trouve confronté à un non-Moi qui exige reconnaissance, présuppose l'existence de la conscience de soi comme siège de notre volonté d'agir et source de nos libres impulsions.

> Par ailleurs, il est clair qu'une séparation entre ce qui est pensé et ce qui est réel ne devient possible que si nous savons faire la séparation entre ce que le Moi peut et ce qu'il ne peut pas changer. Toutefois cette séparation ne devient possible que si nous connaissons les conséquences nomologiques que nos actes de volonté ont à un instant donné. Le caractère de légalité est donc le présupposé essentiel à tout ce qui a caractère de réalité[18].

L'expression « interactionnisme expérimental » qualifie bien cette conception d'un apprentissage de nos sensations analogue à celui de notre langue maternelle. Ces deux systèmes sémiotiques, langue maternelle et langage des sens, diffèrent essentiellement du fait que les sensations, par opposition aux signes linguistiques, sont des signes naturels :

> La distinction la plus essentielle entre la symbolique du langage humain et cette symbolique de nos nerfs sensoriels me semble résider en ceci, que la première est donnée comme le produit de l'arbitraire, alors que la dernière nous est donnée comme le produit de la nature elle-même, qui a construit notre corps d'une façon déterminée. Le langage de nos nerfs sensoriels ne connaît ni famille ni dialecte, mais il est le même pour l'humanité entière ; c'est pourquoi nous pouvons présupposer chez tout homme la compréhension de nos impressions, avec peu d'exceptions, comme dans le cas d'affaiblissements pathologiques[19].

Du fait qu'il s'intéressait en premier lieu à ces « signes naturels », Helmholtz aura pensé davantage la syntaxe que l'arbitraire du signe :

> La nature de ces signes mentaux importe peu, d'ailleurs, pourvu qu'ils forment un système qui présente une variété et un ordre suffisants ; de même que les sons des mots d'une langue sont indifférents, pourvu qu'on en ait un nombre suffisant et qu'on possède assez de moyens de désigner leurs rapports grammaticaux[20].

En raison, toutefois, du lien de causalité qui unit encore le signe à son substrat, les sensations demeurent dans l'approche sémiotique de Helmholtz, des signaux plutôt que des signes. On peut donc convenir avec Cassirer que :

> Toute la théorie de la connaissance de Helmholtz est ancrée dans le concept de signe : le monde des phénomènes n'est pour lui rien de plus qu'un ensemble de signes qui n'ont aucune ressemblance avec leurs causes, les choses réelles, tout en leur étant légalement coordonnées de façon à pouvoir exprimer par eux-mêmes toutes les différences et tous les rapports des choses. Mais Helmholtz ne maintient pas avec une réelle rigueur systématique le primat ainsi reconnu au concept de symbole. Car au lieu d'intégrer et de subordonner désormais le problème de la causalité au problème général de la signification, il suit la voie inverse, et veut concevoir et expliquer la fonction même du signe comme une forme spéciale de relation causale[21].

Avant de quitter la théorie de l'image de Helmholtz et passer à sa philosophie des sciences proprement dite, reprenons la remarque qu'il fait dans le passage précité des *Faits dans la perception* (n. 15) résumant en une phrase les tenants et avenants de sa théorie de la représentation homéomorphique. Nous pouvons atteindre à une représentation picturale de l'ordre légal dans le domaine du réel, celui-ci ne pouvant certes uniquement être que *présenté* dans le système entier de signes ou le langage que constituent nos impressions sensorielles (c'est nous qui soulignons). Le lecteur moderne ne peut s'empêcher de penser à la distinction centrale que Wittgenstein poursuit dans le *Tractatus logico-philosophicus* entre ce qui peut se représenter par une image, et ce qui peut uniquement se montrer dans une image (la *forme picturale*). Aux yeux d'Helmholtz, le fait que l'ordre nomologique régnant dans le monde phénoménal (l'*élément transcendantal*) puisse être représenté, ne peut lui-même être représenté : la relation picturale de l'image au monde ne peut pas elle-même être dépeinte ou représentée [*abgebildet*] ; mais elle est présente dans le système de signes et, pour ainsi dire, présentée [*dargestellt*] par le langage dans son entier. Voilà, pour Helmholtz, la leçon principale à tirer des faits dans la perception, leçon qu'il exprime ailleurs :

> Il n'existe aucun autre moyen de décrire la sensation et de l'identifier avec d'autres sensations antérieures que de désigner la position des objets extérieurs qui paraissent y répondre. Aussi ces faits d'expérience ont-ils ceci de particulier que nous ne pouvons même pas exprimer le rapport de la sensation à un objet extérieur sans préjuger déjà ce rapport dans la désignation de la sensation, c'est-à-dire sans admettre d'avance ce dont nous voulons parler[22].

Le *Tractatus* exprimera un certain malaise d'ordre logique devant cette admission. La relation référentielle est certes présente partout où s'opère l'éclosion langagière du monde, et il incombera à la première génération des nouveaux logiciens d'ébaucher un idiome artificiel où la fabrique de la relation picturale, invisible à l'œil nu, se porte au regard par l'intermédiaire d'une grammaire *visible*. La forme que doit avoir en commun l'appareil de représentation et le représenté est pour Wittgenstein la forme logique, et celle-ci ne peut que se montrer. L'idée centrale du *Tractatus*, à savoir que les signes logiques ne « représentent » pas, y sera avancée à titre de thèse métaphysique – mystique – ayant trait au caractère ineffable – indicible – du langage, et de dénonciation (au passage : également métaphysique) de tout traitement métathéorique de questions sémantiques, incluant le sien. Le *Tractatus* scelle le divorce entre – pour employer un vocabulaire kantien – la faculté réceptive (la représentation) et la faculté spontanée (la manifestation) du langage. Le malaise provient peut-être du fait que le clivage wittgensteinien entre ce qui se dit et ce qui se manifeste peut – manifestement – être dit. Ou il est peut-être relié à son désir de tracer les limites du pensable. Qui embrasse l'aspect essentiellement créateur du langage peut toutefois se mettre à charge de « penser la pensée », sans envisager d'en penser les limites ; il n'a qu'à admettre, comme seul principe métaphysique, l'autarcie du langage[23].

Nous garderons en arrière-plan la *Bildtheorie* de Helmholtz dans l'exposition des vecteurs de sa philosophie des sciences proprement dite. Le *Mémoire sur la conservation de la force* (1847) marque l'entrée éclatante du médecin et physiologiste Helmholtz sur la scène de la physique théorique. Helmholtz y jette les bases de la vision mécanique de la physique[24]. Helmholtz défend alors la nécessité des notions de masse et de force dans la description mécanique des phénomènes naturels. La science, soutient-il, a recours à deux abstractions dans sa conceptualisation des objets du monde extérieur. Nous formons la notion de matière lorsque nous considérons les objets extérieurs sous le simple aspect de leur existence, indépendamment des effets qu'ils produisent sur les autres objets ou sur nos organes sensoriels. La masse (comme quantité fixe de la matière) et l'étendue sont ses seuls attributs ; les différences qualitatives ne peuvent résider dans la matière en tant que telle, mais uniquement dans les effets qu'elle produit. Nous n'avons la connaissance des objets extérieurs que par l'action qu'ils exercent sur nos organes sensoriels ; c'est sur la base de cette action que nous inférons l'existence d'un agent et que nous pensons l'objet extérieur. La matière pure est donc une impossibilité conceptuelle et notre compréhension de la nature exige la formation d'une seconde abstraction, soit la notion de force en tant que capacité de produire un effet. Dans un appendice ajouté au *Mémoire* en 1881, Helmholtz précise que l'impossibilité de concevoir les deux notions prises isolément découle simplement du fait que la loi d'un effet (c'est-à-dire une force) présuppose certaines conditions sous lesquelles elle est réalisée : « Une force séparée de la matière serait l'objectivation d'une loi, à laquelle il manque les conditions de sa réalisation[25] ».

Dans le *Mémoire*, Helmholtz lie très étroitement les notions de loi, de force, et de cause. Les relations existant entre ces notions seront reprises dans sa conférence tenue à Innsbruck en 1869 « Sur le but et les progrès de la science », et aussi dans « Les faits dans la perception ». La science naturelle a pour but de comprendre les phénomènes naturels. Comprendre, [*begreifen*], c'est concevoir, c'est-à-dire former des concepts [*Begriffe*]. On peut concevoir des objets, comme l'on peut concevoir ce qui se passe avec ces objets (des événements, processus, phénomènes). De même qu'une multiplicité d'objets peuvent être réunis sous un même concept (ils tombent alors sous ce concept), une multiplicité d'événements ou phénomènes naturels peuvent être rassemblés sous un même concept, qui est alors appelé une loi. Ainsi, « Comprendre un phénomène, c'est en trouver la loi[26] ».

Une *loi* est donc un *concept* sous lequel est donnée une multiplicité de phénomènes ou de processus naturels qu'elle régit. La loi en tant que rapport constant nous est accessible par l'observation. Helmholtz écrira en 1878 : « En revanche ce qui s'offre à nous de façon univoque et factuelle, sans ajout d'hypothèses, dans le phénomène, c'est le nomologique [*das Gesetzliche*] » (p. 42). Lorsque nous arrivons à parfaire notre compréhension d'un ensemble de phénomènes par la formulation d'une loi *qui ne souffre aucune exception*, (la loi en tant qu'invariance dans un champ de variations, c'est-à-dire en tant qu'objet), nous reconnaissons son caractère nomologique comme puissance indépendante et réalité objective (indépendante de notre volonté) et nous la nommons *force*[27]. Mais la force, dit Helmholtz, en prenant exemple sur la seconde loi du mouvement de Newton, « n'est que la loi objectivée de l'effet. [...] Le concept abstrait de force [...] ajoute [...] que cette loi n'est pas de notre invention arbitraire, qu'elle est une loi contraignante des phénomènes[28] ». Lorsque nous reconnaissons à la loi son caractère nomologique comme indépendante de notre représenter, nous la nommons *cause*. Comme le remarquait Lorenz Krüger, reconnaître le nomologique dans la perception et les phénomènes observés, en soi, ne suffit pas : le nomologique dont il s'agit doit encore être compris comme le nomologique des effets d'une réalité inaltérable[29]. C'est eu égard à ces distinctions que Helmholtz conclut en 1869 sur le but de la science :

> Notre l'exigence [posée à la science] de comprendre les phénomènes naturels (c'est-à-dire d'en trouver les lois) se traduit ainsi par celle de trouver quelles sont les forces qui sont les causes des phénomènes. Le nomologique de la nature est conçu comme rapport causal dès que nous reconnaissons son indépendance par rapport à notre pensée et à notre volonté[30].

Ces conceptions demeuraient conformes (dans l'esprit, mais non dans la lettre, étant formulées en termes trop philosophiques, et par trop métaphysiques) aux considérations générales sur le but de la science qu'il présentait aux scientifiques dans l'introduction du *Mémoire*. Le but de la physique, écrivait-il en 1847, est de découvrir des lois qui puissent lier les phénomènes naturels à des principes généraux et les déduire de ceux-ci. La découverte de ces lois est la tâche de la physique expérimentale, alors que la physique théorique cherche à trouver les causes des phénomènes sur la base de leurs effets observables. Cette recherche des causes est justifiée et imposée par le principe voulant que tout changement dans la nature ait une cause suffisante. Les causes que nous attribuons aux phénomènes peuvent être invariables, ou variables ; dans le second cas, le même principe qui nous conduit à chercher les causes de tout changement nous incitera à chercher derechef les causes de cette variation, de sorte que ce n'est que par la découverte de causes constantes que la compréhension ultime des phénomènes naturels sera pleinement atteinte. Le *Mémoire* insistait sur le fait que pour satisfaire cette exigence, la physique devait ramener tous les phénomènes naturels à des forces d'attraction et de répulsion invariables, à des forces motrices centrales dont l'intensité ne dépend que de la position des masses sur lesquelles elles s'exercent.

Si nous revenons à l'identification faite par Helmholtz des notions de *loi* et de *cause*, elle dévie ostensiblement de l'emploi usuel du terme (où par « causes » on entend des événements délimités dans l'espace et le temps), qu'il jugeait fautif ; la *cause* est pour lui une substance qui persiste indépendamment de tout changement temporel. Elle est une *res* ou réalité qui agit sur nous et qui, pour cette raison, se nomme *effectivité*. L'idée d'une substance inaltérable « qui se tient derrière le changement des apparences et agit sur nous » est bien rendue, nous dit-il, par le terme allemand *Wirklichkeit :* l'effectivité, c'est ce qui agit [*wirkt*] sur nous, ce qui agit effectivement [*wirksam*], ce dont l'action est réelle [*wirklich*] ; le substantif *Wirklichkeit*, en tant que substantivation de *wirklich*, marque le caractère à la fois chosique et substantiel de la cause de cette action réelle qu'on nomme réalité.

Quant aux *forces*, il a toujours été de l'avis de Helmholtz que penser une force, c'est-à-dire une capacité de produire des effets, indépendamment des effets qu'elle produit, est dénué de sens. Ce principe est à la source d'une tradition en physique qui, à l'encontre des conceptions ci-dessus illustrées, s'interdira de parler de forces en termes généraux, sans la donnée des conditions sous lesquelles elles sont réalisées. (C'est-à-dire : s'interdira de parler de causes). Ce même principe explique également la méfiance entretenue à l'endroit des diverses forces dont traite la mécanique ; il servira d'appui à la résolution de Kirchhoff de faire l'économie du concept de force comme notion primitive dans la formulation de la mécanique. Helmholtz considère, pour sa part, que la notion de force, en tant que cause ou « loi objectivée » des mouvements accélérés des masses ponctuelles, est essentielle à la compréhension des phénomènes naturels et fait partie intégrante de l'explication scientifique. Le réalisme nomologique qu'il soutient demeure toutefois un réalisme critique dans la mesure où notre connaissance des causes est toujours hypothétique et sujette à révision. S'il est vrai que le Helmholtz du *Mémoire* considère les forces centrales comme objectives, il n'en demeure pas moins que la réalité des forces se résume pour lui à la réalité des lois. Son réalisme se situe davantage sur le plan métaphysique que sur le plan scientifique, car c'est bien le règne des lois (et non les lois) qui, pour Helmholtz, est exempt de tout caractère hypothétique.

Le réalisme professé par Helmholtz s'amenuisera progressivement, au fur et à mesure qu'il intégrera sa philosophie des sciences à sa théorie de l'image. C'est l'état dans lequel on retrouve son épistémologie dans l'Introduction aux *Cours de physique théorique* (1894). Helmholtz laisse paraître un net scepticisme à l'égard de l'objectivité des forces dont traite la mécanique. Dans un même mouvement, il se rapproche considérablement des conceptions nominalistes de Kirchhoff auxquelles il ne faisait que prêter oreille dans *Les faits dans la perception*. Se réclamant de la tradition des Faraday (auquel il vouait une grande admiration), Maxwell et Kelvin, il déclare que les diverses lois du mouvement ne constituent rien de plus qu'une *description* des événements observables, tout en ajoutant qu'une description « complète et la plus simple possible » des phénomènes naturels ne va pas sans la formulation de lois impliquant des forces (lois dynamiques). Helmholtz indique toutefois qu'il préfère parler de lois de force ou de lois dynamiques, plutôt que de forces ; car, sur le strict plan de la description des phénomènes, la notion de force en tant que substance n'a aucun contenu factuel. « En fait, dit-il, nous ne désignons rien de plus par le concept de force, à tout le moins rien qui ajoute au sens factuel contenu dans la simple description du phénomène [...][31] ». Un peu plus loin dans cette section, Helmholtz affirme que « parler de la force en tant qu'agent, ne désigne rien de plus sur le plan factuel, et n'a nul autre contenu réel, que celui d'exprimer la conviction que la loi se manifestera à chaque fois que les conditions de sa manifestation seront données[32] ». Ce point de vue instrumentaliste, qui ne voit la nécessité de la notion de force que dans le contexte de la prédiction ou dans l'optique de l'économie de la description théorique, ne fait pas qu'anticiper la pensée d'un Hertz ou d'un Mach, il préfigure également toute la problématique empiriste logique des « termes auxiliaires » et de leur éliminabilité (syntaxique et sémantique)[33]. L'idée qu'une force (c'est-à-dire une capacité de produire des effets) devienne vide de sens lorsque conçue en tant que substance (c'est-à-dire pensée indépendamment des effets qu'elle produit) trouve donc sa formulation définitive dans la thèse voulant que la notion mécanique de force, séparée de ses conditions de réalisation, ne possède aucun « contenu factuel ». L'empirisme logique devra également reprendre cette notion de *contenu factuel* pour la préciser en tant que notion métathéorique et la généraliser au niveau de la *théorie* entière conçue comme ensemble d'énoncés. Soulignons que Helmholtz considérait déjà la notion de contenu factuel ou de contenu empirique comme une notion *sémantique* (le « sens factuel »).

L'*Introduction aux cours de physique théorique* fait intervenir un élément nouveau qui permet à Helmholtz de préciser de façon systématique sa pensée sur le statut ontologique qu'on doit accorder aux forces de la mécanique. Le caractère systématique de sa prise de position antiréaliste provient du fait qu'il l'incorpore maintenant à des considérations portant sur le langage. Dans la même première section de l'ouvrage, Helmholtz dit que nous sommes naturellement portés à passer du mode d'expression verbal au mode d'expression substantif ; de sorte que plutôt que de formuler, par exemple, la loi de gravitation, nous sommes amenés à parler de la force de gravitation, laquelle, en réalité, ne fait que désigner sur le mode substantif ce que la loi dynamique décrit sur le mode verbal. C'est ainsi qu'il écrit :

> En règle générale, l'expression linguistique [des lois du mouvement] dévie des formulations que nous en avons données jusqu'ici, en ce que nous formons des abstractions et nous employons des substantifs à la place de verbes ; c'est ce qui arrive, par exemple, lorsque nous exprimons la première des lois citées plus haut en disant qu'il existe une force d'attraction constante d'une grandeur déterminée entre deux corps

> séparés l'un de l'autre d'une distance finie dans l'espace. Au lieu d'une simple description du phénomène du mouvement, nous introduisons ainsi une entité abstraite, la force d'attraction [...]. Cette façon de parler a suscité maintes objections [...] ; elle a souvent été interprétée comme impliquant que ce substantif abstrait, la force, désigne quelque chose qui existe essentiellement, et comme justifiant l'énoncé de certaines thèses sur les propriétés essentielles des forces, lesquelles, si elles sont exactes, ne sont cependant soit que des tautologies, soit que des thèses qui n'ont que l'apparence de posséder un contenu réel[34].

Plus loin, il note que nous « désignons habituellement les choses – celles qui persistent dans leur existence, qui manifestent une certaine puissance et qui déterminent le monde extérieur sans que nous ayons à intervenir – par des substantifs que nous employons normalement pour des choses qui existent réellement », et il ajoute :

> C'est manifestement la raison qui, plutôt que de parler de lois de force, nous fait adopter le mode substantif comme mode d'expression préféré [...]. De ce substantif hypothétique, et c'est ainsi que nous devons concevoir une force, nous ne savons rien de plus qu'il est dans son essence de produire certains effets[35].

On retrouve donc l'idée que la notion de *force* est ni plus ni moins le fait d'une substantivation de la notion de *loi de force*, substantivation qui nous incline au réalisme scientifique. Cette explication du point de vue réaliste comme émanant d'un fait de langage (« adopter le mode substantif comme mode d'expression préféré ») anticipe la distinction de Carnap entre le mode interne [*inhaltlich*] et le mode formel de parler : les thèses d'ordre ontologique sont en fait des énoncés métalinguistiques qui portent sur le cadre linguistique à adopter pour décrire un univers du discours donné[36]. Cette résolution formelle du débat sur le réalisme et l'antiréalisme sera plus tard généralement reprise par les empiristes logiques[37]. Helmholtz considérait déjà que la thèse du réalisme scientifique ne s'énonce uniquement que sur un mode interne au discours ; dans des propos qui sonnent étrangement carnapiens, il insiste pour dire que les modes de parler du réalisme et de l'idéalisme laissent entièrement indifférente la nature des objets du domaine du discours. C'est d'ailleurs précisément sur cette question qu'apparaît nettement l'intégration, suscitée par la théorie de l'image, de sa philosophie des sciences à une théorie du langage. Le texte en question est un appendice aux *Faits dans la perception* où Helmholtz veut s'expliquer par rapport à la doctrine kantienne sur l'applicabilité des axiomes géométriques au monde physique. Helmholtz débute en disant qu'il va d'abord adopter l'hypothèse réaliste, tout en soulignant qu'il emprunte cette voie « uniquement pour utiliser en premier lieu le langage simple et compréhensible de la vie quotidienne et de la science », et qu'il se réserve le droit de « laisser tomber l'hypothèse réaliste dans les paragraphes ultérieurs et de reprendre la même discussion en langage abstrait, sans aucune présupposition quant à la nature du réel[38]. Plus loin, il souligne n'avoir fait ainsi aucune supposition sur la nature de conditions qui prévalent à la constitution de nos représentations, ajoutant que l'hypothèse de l'idéalisme subjectif serait tout aussi admissible que le point de vue réaliste dont il a au départ adopté le langage. « Nous pouvons supposer, ajoute-t-il, que toutes nos perceptions ne sont qu'un songe, ne serait-ce qu'un songe hautement cohérent, où nos représentations se succèdent selon des lois déterminées. [...] Ce que nous appelons des lois de la nature, seraient dans l'hypothèse idéaliste des lois qui régissent la succession des représentations qui ont le caractère de perceptions »[39].

Relevons également un point déjà abordé dans la première section de ce chapitre et qui concerne la notion de *vérité* en science. Helmholtz a souligné à plus d'un endroit les implications immédiates de son approche sémiotique des sensations sur la notion de vérité-correspondance : celle-ci se révèle vide de sens.

> Je crois donc que cela n'a absolument aucun sens, de parler d'une vérité de nos représentations autre qu'une vérité pratique. Les représentations que nous formons des choses ne peuvent être que des symboles, des signes naturels des objets, dont nous apprenons à nous servir pour régler nos mouvements et nos actions. Lorsque nous avons appris à déchiffrer correctement ces symboles nous sommes à même, avec leur aide, de diriger nos actions de façon à produire le résultat désiré, c'est-à-dire à faire naître les sensations nouvelles que nous attendons. [...] Demander si l'idée que je me fais d'une table, de sa forme, de sa consistance, de sa couleur, de son poids, etc., est vraie en elle-même, indépendamment de l'usage pratique que je puis en faire, si elle est conforme à l'objet réel, ou bien si elle est fausse et produite par une illusion, c'est faire une question qui ne présente pas plus de sens que de demander si un certain son est rouge, jaune ou blanc. L'idée et l'objet qu'elle représente sont deux choses qui appartiennent évidemment à deux mondes tout à fait différents et qui sont aussi peu susceptibles de comparaison que les couleurs et les sons, ou que les caractères d'un livre et le son du mot qu'ils représentent[40].

L'approche sémiotique de Helmholtz n'admet qu'une notion pragmatique de la vérité :

> La représentation que j'ai d'une certaine table est juste et précise si je puis en déduire, avec exactitude et précision, les sensations que j'éprouverais en amenant mon œil ou ma main dans telle ou telle position déterminée par rapport à la table. Je ne puis concevoir aucun autre genre d'analogie entre une pareille idée et l'objet qu'elle représente. La première est le signe spirituel du second[41].

S'il reconnaissait aux hypothèses métaphysiques leur justification scientifique eu égard à leur valeur heuristique et aux impératifs d'explication de la science, il les tenait pour tout autant irréfutables qu'équipossibles :

> L'hypothèse réaliste considère l'existence du monde matériel extérieur, qui semble être établie par nos perceptions les plus courantes, comme indépendante de notre représentation. Elle est sans aucun doute l'hypothèse la plus simple que nous puissions formuler, qui se vérifie dans un nombre extrêmement vaste de cas, clairement définie dans toutes ses applications, d'où son extrême utilité et fertilité comme fondement de nos actions. Même en adoptant la perspective idéaliste, nous ne pouvons exprimer autrement la régularité de nos sensations qu'en disant : « les actes de conscience qui se produisent dans la perception se déroulent comme si le monde postulé par l'hypothèse réaliste existait réellement ». Cependant, nous ne pouvons contourner ce « comme si » ; nous ne pouvons pas reconnaître la position réaliste comme plus qu'une hypothèse extrêmement précise et utile ; nous ne pouvons la considérer comme nécessairement vraie, car à ses côtés il y a d'autres hypothèses idéalistes tout aussi possibles et tout aussi irréfutables[42].

Toutefois, la position fermement empiriste que défend Helmholtz dans ses pratiques théoriques en physiologie fera un juste contrepoids à cette tolérance.

Il nous aura donc été permis d'esquisser les vecteurs de la philosophie des sciences de Helmholtz qui donneront à la tradition épistémologique qu'il initie ses orientations durables et qui préfigurent même les transformations que le courant empiriste aura à subir aux mains des empiristes logiques.

Hertz

Heinrich Hertz (1857-1894), qui fut l'étudiant de Helmholtz à Berlin, adopte de façon non équivoque l'idée kantienne fondamentale concernant la concordance possible de nos représentations avec la réalité. Dès le début des *Principes de mécanique*, il affirme que « nous ne savons pas, et nous n'avons aucun moyen de le savoir, à quoi peuvent correspondre nos représentations[43] ».

Déjà, l'approche sémiotique de Helmholtz mettait notre connaissance des phénomènes naturels à distance de la réalité en ce que les sensations ne pouvaient qu'imager dans leur succession temporelle les relations nomologiques qui existent dans le monde. La théorie de l'image de Hertz reprendra cette idée en affirmant qu'entre le tableau que présente la science et la réalité qu'elle dépeint, il ne doit et il ne peut qu'exister qu'une concordance entre ce qui résulte en pensée du tableau et ce qui résulte concrètement dans les faits :

> Nous nous faisons des images artificielles intérieures ou des symboles des objets extérieurs, et la forme que nous leur donnons est telle que ce qui découle nécessairement des images dans la pensée [*denknotwendige Folgen*] est en retour une image de ce qui découle nécessairement des choses dans la nature [*naturnotwendige Folgen*][44].

Bref, l'idée centrale de la théorie de l'image de Hertz repose sur celle d'un *isomorphisme* entre le dispositif de représentation et le domaine représenté. Soit un signe $s = i(o)$, qui est une image de l'objet, et soit une relation $r(s,s)$ entre les signes ; la théorie stipule que la relation qui existe entre les signes, c'est-à-dire la relation qui existe entre les images d'objets $r(s,s) = r(i(o),i(o))$, soit en retour une image des relations entre les objets. On a donc $r(i(o),i(o)) = i(r(o,o))$. En affirmant que les relations entre les images d'objets sont des images de relations d'objets, Hertz pose l'isomorphisme entre la fonction sémantique i de représentation et la fonction syntaxique r de composition de signes. L'arbitraire du signe est pris en considération dans la mesure où l'on affirme qu'il n'y a aucune conformité – et qu'il n'y a pas à en avoir une – entre le signe et le référent ; cependant, les relations entre les signes doivent former l'imbrication syntaxique des relations entre les référents, doivent mettre en forme le signifié. Bien que les mots renvoient aux choses de façon arbitraire, il n'en demeure pas moins que notre agencement des mots renvoie à l'agencement des choses, et c'est la propriété fondamentale du langage que d'y parvenir.

Une marque distinctive de la théorie hertzienne de l'image par rapport à celle de Helmholtz est qu'elle ne postule aucune relation causale entre le signe et le référent. Que l'on puisse atteindre cet accord fondamental entre les relations logiques dans l'image et les relations nomologiques dans la nature est pour Hertz un *fait* vérifié par la force prédictive des théories, alors que chez Helmholtz, cette conformité devait son existence au principe de causalité. Il faut également noter que cette conformité se joue uniquement au niveau des conséquences observables de la théorie.

La notion d'isomorphisme (identité de structure) ne met en jeu que la préservation des relations qui sont définies sur des structures. Une structure est un couple $< D, R_i >$, où D est un ensemble non vide (possiblement infini) d'éléments, et R_i, un nombre i de relations définies sur D. Deux structures ou systèmes ou modèles S_1 et S_2 (possédant possiblement des domaines différents D_1, D_2 – pensons, dans le présent contexte, d'un côté à une structure de la pensée ou une structure du langage et, de l'autre, à une structure causale observée ou réalisée) sont isomorphes, si les relations (causales) R_2 existant entre les éléments de D_2 sont préservées par les relations (logiques) R_1 existant entre les éléments de D_1 (et inversement)[45]. L'isomorphisme est une identité structurelle, une identité d'agencement ; le beau de la chose réside en ceci que tout ce qui est dit à propos des éléments de D_1 vaut également pour les éléments de D_2, et inversement.

Cette notion d'isomorphisme semblait être l'instrument idéal pour penser la situation théorique d'alors en électromagnétisme. Hertz fait explicitement référence aux « modèles dynamiques », c'est-à-dire aux divers modèles mécaniques d'éther que Maxwell et ses successeurs avaient développés. L'identité structurelle de ces modèles permettrait de penser que les différents modèles mécaniques de l'éther étaient équivalents sur le plan empirique. L'isomorphisme ne peut toutefois valoir qu'à la condition que l'image donne une représentation *univoque*. Or Hertz note que l'exigence fondamentale que les conséquences des images symboliques soient en retour des images des conséquences réelles nous assure de la détermination empirique de l'image, mais elle ne nous assure pas de sa détermination empirique univoque :

> Les images que nous nous formons des choses ne sont pas déterminées de façon univoque en raison du principe que les relations conceptuelles nécessaires entre les images sont en retour l'image des relations objectives

> nécessaires entre les choses. Différentes images des mêmes objets sont possibles et ces images peuvent différer sous plusieurs aspects[46].

On a vu que plusieurs images, éventuellement très différentes du même objet, sont en principe possibles. L'image que la mécanique nous présente du monde en est un exemple. Il y a d'abord l'image newtonienne, qui s'élabore sur les quatre notions d'*espace*, *temps*, *force* et *masse* et qui correspond au développement historique de la mécanique. Il y a également celle, plus en vogue depuis la découverte du principe de la conservation de l'énergie, qui utilise les notions d'*espace*, *temps*, *masse* et *énergie* comme notions fondamentales. Il y a enfin l'image de la mécanique que Hertz propose, n'utilisant que *temps*, *espace* et *masse* comme concepts primitifs. Ces trois présentations de la mécanique doivent être évaluées à l'aune de trois critères que Hertz définit également dans l'Introduction de sa *Mécanique :* l'admissibilité logique, la conformité et l'adéquation.

> Nous appellerons non admissibles toutes les images qui contredisent implicitement les lois de la pensée [...]. Nous appellerons non conformes les images dont les relations essentielles ne reflètent pas les relations qui existent entre les choses, c'est-à-dire les images qui ne satisfont pas à la condition fondamentale. Mais deux images admissibles et conformes des mêmes objets peuvent différer quant à leur adéquation. De deux images du même objet, l'image la plus adéquate sera celle qui reflète le plus de propriétés essentielles de l'objet, celle qui, selon nos termes, est la plus claire. De deux images également claires, la plus adéquate sera celle qui, en plus de contenir les relations objectives essentielles, contient le moins de relations superflues ou vides, c'est-à-dire celle qui est la plus simple[47].

Notons d'abord la conception traditionnelle de la logique acceptée par Hertz. Mais ceci importe peu dans le contexte. La question qui importe est de savoir que par « lois de la pensée », Hertz inclut les lois *a priori* de l'entendement au sens de Kant. Il y aura pour la mécanique de Hertz une partie *a priori*. Quant à l'adéquation empirique (la conformité aux faits observés et envisagés), elle se vérifie uniquement au niveau des conséquences de la théorie. C'est dire que l'image (mentale) de la nature ne prétend pas imiter la nature, mais uniquement reproduire (en modèle réduit) la nature. En disant que « deux images admissibles et conformes peuvent différer quant à leur adéquation », Hertz formule la thèse de *la sous-détermination empirique* des théories scientifiques.

De plus, toute image scientifique, du simple fait qu'elle est une image, comportera nécessairement des éléments superflus sur le strict plan des relations observables entre les objets. Comme le note Bouveresse,

> Toute représentation introduit inévitablement des composantes inessentielles à la représentation elle-même, qui tiennent simplement au mode de représentation particulier qui a été choisi. Les seuls éléments indispensables à la représentation sont ceux que tous les modes de représentation de l'objet, quels qu'ils puissent être, devraient nécessairement avoir en commun. Si l'adoption d'un mode de représentation particulier introduit nécessairement des caractéristiques propres à ce mode de représentation et étrangères à l'objet lui-même, il est souhaitable que leur nombre soit le plus petit possible[48].

Une image sera donc d'autant plus simple qu'elle contient un nombre réduit de relations inessentielles à l'objet. Pour Hertz, la notion de force en mécanique est un exemple de telles relations présentes dans nos dérivations mais absentes de nos observations, donc superflues sur le plan de ce que l'on peut strictement observer :

> On ne peut nier que dans un grand nombre de cas, les forces que la mécanique fait intervenir pour traiter des problèmes physiques fonctionnent comme des roues tournant à vide, qui ne sont d'aucune efficacité lorsqu'il s'agit de décrire les faits réels. [...] [En mécanique céleste] les forces gravitationnelles n'ont jamais été objet d'expérience immédiate. Toutes nos expériences passées se rapportent uniquement à la position apparente des étoiles. Nous ne nous attendons pas non plus à pouvoir un jour observer ces forces ; ce à quoi nous nous attendons des expériences futures se rapporte encore une fois à la position des points brillants dans le ciel qui sont la façon dont les astres nous apparaissent. Ce n'est que dans la déduction des observations futures à partir des observations passées que les forces gravitationnelles entrent provisoirement en jeu en tant que valeurs auxiliaires, pour ensuite disparaître de nos considérations[49].

Le monde se dérobe ainsi à double titre à l'image scientifique du monde. Chez Helmholtz déjà, l'image scientifique du monde ne pouvait prétendre qu'à l'existence nouménale des lois, que le principe de causalité nous permettait d'induire de la régularité que nous découvrons dans le monde phénoménal ; la théorie hertzienne de l'image affirme de principe l'existence d'images empiriquement équivalentes qui contiennent en plus des éléments qui seraient considérés par

Helmholtz comme de simples signes[50]. F. Balibar illustre le même point à l'aide d'un exemple :

> Chez Hertz [...] l'objectif [est] d'établir une correspondance d'un certain type de variables avec un autre type de variables avec un autre type de variables de manière à ce que les relations (les « arrangements ») entre ces variables aient la même forme dans l'un et l'autre modèle. Par exemple, dans un modèle électrique *E*, l'énergie, est liée à *L* (la self-inductance du circuit) et *I* (l'intensité du courant circulant dans le circuit) par $E = (1/2) LI^2$ et dans un modèle mécanique, *E* est liée à *m* (la masse d'un corps) et *v* (sa vitesse) par $E = (1/2)mv^2$; l'arrangement convenable des coordonnées des deux systèmes est, dans ce cas simple, l'opération 1/2 [...] ; au moyen de cet arrangement l'expression de l'énergie est la même dans le modèle électrique et dans le modèle mécanique... et l'univocité est sauvegardée. Mais aucune transformation ne permet de transformer une masse en self-inductance et une vitesse en intensité de courant électrique ; il ne s'agit pas de coordonnées d'espace-temps transformables dans les autres par changement de référentiel [...][51].

C'est dire que dans l'optique présente, la correspondance entre les relations (entre *L* et *m*, et entre *I* et *v* respectivement) est différente de celle (comme, par exemple, dans le cas de la relativité restreinte) où la correspondance univoque est assurée par une transformation de coordonnées spatio-temporelles (les transformations de Lorentz) qui fait passer de la représentation dans un référentiel donné à la représentation dans un autre référentiel équivalent. Les modèles d'une théorie sont donc isomorphes à la condition d'avoir su repérer les bonnes variables ; Hertz fait remarquer que l'isomorphisme de deux modèles dynamiques ne peut être obtenu, que si les systèmes en question ont le même nombre de coordonnées[52].

Hertz était motivé par le désir d'intégrer à la mécanique l'électrodynamique de Faraday et Maxwell (qui était une théorie exempte de forces impliquant l'action à distance) – d'où sa présentation d'une mécanique exempte de la notion de force[53]. Mach remarquait « qu'on peut très bien s'expliquer sur le plan psychologique les circonstances qui ont conduit Hertz à son modèle. Le fait d'être parvenu à représenter les forces à distance électriques et magnétiques comme résultant de mouvements dans un médium, se devait de faire renaître le désir d'en faire de même pour les forces de gravitation et, éventuellement, pour toutes les forces, de sorte qu'il est facile à comprendre qu'on ait eu l'idée de tenter d'éliminer entièrement le concept de force » (Mach,

E., 1883 : 257). Hertz considérait d'ailleurs que le résultat le plus important de ses expériences sur les ondes électromagnétiques était d'ordre *philosophique*, celui d'avoir démontré que la force électrique n'était pas une prétendue force à distance, mais se propageait dans le temps par action contiguë[54].

Nous avions dit que la notion d'isomorphisme (que nous avons dégagée, mais qui ne se retrouve pas sous ce vocable chez Hertz) lui permettait de prendre en compte la diversité des modèles mécaniques alors proposés de la théorie électromagnétique. C'est ainsi qu'il pourra écrire :

> À cette question : Qu'est-ce que la théorie de Maxwell, je ne saurais donner de réponse à la fois plus nette et plus courte que celle-ci. La théorie de Maxwell, c'est le système des équations de Maxwell. Toute théorie qui aboutit à ces équations, et du même coup embrasse les mêmes phénomènes possibles, je la caractériserais comme une forme ou un cas particulier de la théorie de Maxwell ; toute théorie qui aboutit à d'autres équations et du même coup à d'autres phénomènes possibles est une autre théorie[55].

Ce passage introduit la distinction nette entre la *structure mathématique* d'une théorie et son *interprétation physique*. Les équations de Maxwell sont le « contenu commun » des diverses « formes de présentation » de la théorie. Elles constituent aux yeux de Hertz le legs impérissable des travaux de Maxwell, alors que les diverses formes de présentation de la théorie partagent le lot des mortels. On connaît la métaphore également célèbre qu'utilise Hertz pour parler de la pluralité des interprétations physiques que permettent ces équations :

> La rigueur de la science exige toutefois que nous distinguions bien ce manteau bigarré que nous jetons sur la théorie, et dont la coupe et la couleur sont entièrement en notre pouvoir, de la forme simple et dépouillée elle-même, que la nature met devant nous et dont nous ne pouvons changer la morphologie en fonction de notre bon plaisir[56].

Nous aurons l'occasion de revenir sur ces questions. Pour l'instant, nous voulons maintenant examiner la relation de la correspondance univoque non plus en regard de modèles scientifiques entre eux, mais en regard de la relation qui peut exister entre le modèle scientifique et la réalité. Nous avons dit que la notion d'identité structurelle des modèles d'éther permettrait à Hertz de les penser comme équivalents sur le pan empirique. Dans le cas de théorie électromagnétique, il y a isomorphisme entre les divers modèles d'éther, qui sont des interprétations concrètes de la théorie (on assigne pour chaque modèle un signifié à chaque symbole). La même notion d'univocité nous permet-elle de penser qu'il y a plusieurs modèles d'éther d'un seul éther ? La relation réciproque d'isomorphisme entre deux modèles semble perdre son sens si l'on pense de façon similaire la relation entre le modèle (la théorie) et la réalité. La théorie est un modèle de la réalité, et inversement, la réalité est un modèle de la théorie. Au mieux, la notion de correspondance à une réalité unique peut être maintenue comme notion limite. La seule présence, dans toute représentation de la réalité, d'éléments qui relèvent du dispositif de représentation, préserve Hertz de l'illusion réaliste. Si l'on se croit en mesure de parler de représentation de la réalité, c'est en raison d'un pari fait sur le développement futur de nos théories eu égard au processus d'objectivation de la connaissance. Hertz affirme que progressivement, la science en arrive aux images les plus adéquates (et non pas à la théorie vraie, même si celle-ci se donne comme complète, ou la plus complète possible).

Le même point de vue sera repris de façon plus expresse par Poincaré. Ce dernier hérite beaucoup du structuralisme de Helmholtz, affirmant, pour l'essentiel, qu'il est de la nature de notre connaissance de porter sur des rapports entre les objets et non sur des objets individués indépendamment de ces rapports. Ce qui peut sembler mettre en question l'objectivité de la science en constitue plutôt la réponse :

> La science est un système de relations. [...] C'est dans les relations seulement que l'objectivité doit être cherchée ; il serait vain de la chercher dans les êtres considérés comme isolés les uns des autres.
>
> Dire que la science ne peut avoir de valeur objective parce qu'elle ne nous fait connaître que des rapports, c'est raisonner à rebours, puisque précisément ce sont les rapports seuls qui peuvent être regardés comme objectifs[57].

La question, nous dit Poincaré, n'est pas de savoir si la science nous fait connaître la véritable nature des choses (Poincaré dit également que personne n'hésiterait à répondre non à cette question) ; la question est plutôt de savoir si la science nous fait connaître les véritables rapports des choses. Poincaré y va alors de considérations préliminaires concernant l'objectivité conçue comme intersubjectivité et sur la question de savoir si l'accord des scientifiques sur les rapports établis jusqu'à présent (donc : objectifs) persistera dans l'avenir. Adoptant une ligne de pensée qui préfigure Bachelard, Poincaré affirme que « la science a déjà assez vécu pour qu'en interrogeant son histoire, on puisse savoir si les édifices qu'elle élève résistent à l'épreuve du temps ou s'ils ne sont que des constructions éphémères ». Et d'ajouter :

> Or que voyons-nous ? Au premier abord il nous semble que les théories ne durent qu'un jour et que les ruines s'accumulent sur les ruines. Un jour elles naissent, le lendemain elles sont à la mode, le surlendemain elles sont classiques, le troisième jour elles sont surannées et le quatrième elles sont oubliées. Mais si l'on y regarde de plus près, on voit que ce qui succombe ainsi, ce sont les théories proprement dites, celle qui prétendent nous apprendre ce que sont les choses. Mais il y a en elles quelque chose qui le plus souvent survit. Si l'une d'entre elles nous a fait connaître un rapport vrai, ce rapport est définitivement acquis et on le retrouvera sous un déguisement nouveau dans les autres théories qui viendront successivement régner à sa place[58].

Convergence récurrente des théorisations successives et vérité relative à la communauté universelle des scientifiques se combinent donc dans la solution de Poincaré au problème de l'objectivation des concepts. Cette solution met cependant en jeu des mécanismes relevant de la « pure liberté de l'esprit » qui légifère non plus au sens transcendantal de Kant, mais dans l'immanence du langage.

NOTES DU CHAPITRE PREMIER

1. Robert Leroux, *Guillaume de Humboldt. La formation de sa pensée jusqu'en 1794*, Paris, Les Belles Lettres, 1932, 182-183.
2. Kant avait à sa disposition la théorie logique d'Aristote. Si les historiens de la logique ont reproché à Kant d'avoir jugé qu'elle était « chose faite et complétée », il faut cependant lui accorder le mérite d'une grande lucidité lorsqu'il jugeait qu'elle n'avait fait aucun pas en avant (ni aucun pas en arrière) depuis Aristote.
3. Voir Pierre de la Ramée, *Dialectique 1555*, texte modernisé par Nelly Bruyère, Paris, Vrin, 1996 ; Antoine Arnauld et Pierre Nicole, *La logique ou l'art de penser*, éd. B. von Freytag Löringhoff et H. Brekle, fac-similé de la 1e édition de 1662, Stuttgart, Frommann, 1965.
4. Kant, I., 1781, A58 / B82-83.
5. Chevalley, C., 1991, 430.
6. Kant, I., 1781, A191 / B236.
7. Chevalley, C., 1991, 430-431.
8. La pensée de Helmholtz couvre autant la philosophie que l'ensemble des sciences et les arts, notamment la musique. On consultera à ce sujet Michel Meulders, *Helmholtz. Des Lumières aux neurosciences*, Paris, Jacob, 2001.
9. Ernst Cassirer, *The Problem of Knowledge*, vol. IV, New Haven, Yale, 1959, 4, cité par C. Chevalley 1991, 426.
10. Voir Leroux, J., 2001.
11. On peut d'ailleurs ainsi s'expliquer, à l'instar de Chevalley (*op. cit.*), que la physiologie ait pris son essor justement en Allemagne.
12. Voir Johannes Mueller, *Handbuch der Physiologie des Menschen*, 2 vol., Coblence, Hölscher, 1838-40, et Hermann Lotze, *Medicinische Psychologie oder Physiologie der Seele*, Leipzig, Weidman, 1852. Sur ces points particuliers, on consultera Lenoir, T., 1993 ; pour un regard général sur l'optique physiologique de Helmholtz, voir Hatfield, G., 1990, et Bouveresse, J., 1995.
13. Helmholtz, H. von, 1878a, 18-19. Helmholtz pose ainsi le principe sémiotique : « Le sens, c'est l'écart ».
14. Helmholtz, H. von, 1867 (1989), 582.
15. Helmholtz, H. von, 1878a, 45.
16. Voir Heidelberger, M., 1993, 1994b.
17. Helmholtz, H. von, 1867 (1989), 564-565.
18. Helmholtz, H. von, 1878a, 45.
19. Helmholtz, H. von, 1852 (1992), 31-32.
20. Helmholtz, H. von, 1867 (1989), 583.

21. Ernst Cassirer, *Philosophie der symbolischen Formen*, vol. III (1929), réimpr. Darmstadt, Wissenschaftliche Buchgesellschaft, 1964. *La philosophie des formes symboliques*, vol. III, tr.. C. Fronty, Paris, Minuit, 1972, 171.

22. Helmholtz, H. von, 1867 (1989), 587.

23. Je dois l'expression à Yvon Gauthier.

24. Tout comme on peut reconstruire, à l'instar de Pourprix, B. et Lubet, J., 2004, comment Helmholtz jette les bases de la future physique de l'énergie. Les auteurs décrivent ainsi (p. 5) l'arrière-plan de la réception de l'ouvrage parmi les physiologistes : « Quand il élabore son mémoire *Sur la conservation de la force*, Helmholtz appartient à la Société de physique de Berlin, fondée en 1945 par les physiologistes Emil du Bois-Reymond et Ernst Brücke, entre autres. Les physiologistes appartenant à cette société ont pour ambition de construire une physiologie selon les lignes mécanistes, en s'inspirant des méthodes de la physique. Dans cette perspective, le plaidoyer d'Helmholtz pour l'impossibilité du mouvement perpétuel apparaît comme lié à son combat, comme celui de ses collègues, contre la force vitale ».

25. Helmholtz, H. von, 1847, 68.

26. Helmholtz, H. von, 1869, 39.

27. Helmholtz, H. von, 1869, 39-40. Pour un passage correspondant dans *Les faits dans la perception* : « Dans la mesure où ainsi nous reconnaissons la loi comme une nécessité qui régit notre perception et le cours des processus naturels, comme une puissance équivalente à notre volonté, nous l'appelons 'force' » (Helmholtz, H. von, 1878a, 44).

28. Helmholtz, H. von, 1869, 40, et dans *Les fait de la perception* :« Le premier produit de la compréhension conceptuelle du phénomène est le nomologique. Une fois que nous l'avons isolé de manière suffisamment pure, […] et que nous avons en même temps la conviction et qu'il vaut en tous temps et dans tous les cas, alors nous le reconnaissons comme une réalité indépendante de notre représenter et nous le nommons la *cause*, c'est-à-dire ce qui à l'origine reste et persiste dans ce qui change » (Helmholtz, H. von, 1878a, 43-44).

29. Voir Krüger, L., 1994b, 203.

30. Helmholtz, H. von, 1869, 41.

31. Helmholtz, H. von, 1894, 11.

32. Helmholtz, H. von, 1894, 14-15.

33. Nous faisons ici référence à l'utilisation épistémologique qu'on fait Carnap et Hempel des résultats de William Craig et de Frank P. Ramsey portant sur la définissabilité des termes qui servent à l'extension lexicale d'un système axiomatique formel du premier ordre. Pour un exposé des tenants et avenants de cette problématique, voir Leroux, J., 1988, chap. 3. Voir également Leroux, J., 1995.

34. Helmholtz, H. von, 1894, 11-12.

35. Helmholtz, H. von, 1894, 15.

36. Voir Carnap, R., 1934a, 1934b.

37. Ernst Nagel est l'exemple le plus connu. Résumant le débat entre le réalisme et l'instrumentalisme (comme forme d'antiréalisme) et reprenant la thèse de Carnap, il conclut : « En bref, cette opposition se réduit à un conflit d'opinion sur le mode d'expression à adopter » (Nagel, E., 1961, 152). Voir également Leroux, J., 1992.

38. Helmholtz, H. von, 1878a, 61-62.

39. Helmholtz, H. von, 1878a, 69-70.

40. Helmholtz, H. von, 1867 (1989), 579-580.

41. Helmholtz, H. von, 1867 (1989), 583.

42. Helmholtz, H. von, 1878a, 41-42.

43. Hertz, H., 1894, 1-2.

44. Hertz, H., 1894. 1.

45. Les domaines D_1 et D_2 doivent cependant être de même cardinalité (avoir le même nombre d'éléments) pour que soit conservée la notion mathématique d'isomorphisme.

46. Hertz, H., 1894, 2.

47. Hertz, H., 1894, 2-3.

48. Bouveresse, J., 1991, 118.

49. Hertz, H., 1894, 14.

50. Voir Gregor Schiemann, « The Loss of World in the Image », in Baird, D. *et al.*, 1998, 25-38.

51. Balibar, F., 1999, 162.

52. La question de l'univocité [*Eindeutigkeit*] de la représentation, ainsi que les notions connexes de catégoricité et de complétude [*Vollständigkeit*] d'une théorie donnée à l'aide d'axiomes, feront l'objet d'études fondationnelles en logique (à l'essor de la théorie des modèles) et en physique (à l'essor de la relativité). Autant les néo-kantiens (tels Natorp, Cassirer) que les philosophes de lignée empiriste (tels Petzoldt, Mach, Carnap, Reichenbach, Schlick), tous se sont préoccupés de la question. On peut mentionner ici Hermann Weyl, *Philosophy of Mathematics and Natural Science*, New York, Atheneum, 1963. En logique, une théorie est, selon le terme introduit par Carnap en 1927, *monomorphique* (on dit aujourd'hui *catégorique*), si tous ses modèles sont isomorphes ; l'isomorphisme de deux modèles exige que ceux-ci soient de même cardinalité. En relativité générale, l'univocité est assurée par la covariance générale, mais les coordonnées spatio-temporelles n'ont plus de signification physique. Pour une étude de la question en rapport à Einstein, voir Balibar, F., 1999, et Howard, D., 1992 ; pour le rapport à Carnap, R., 1927, 1928a, voir Awodey, S. et Carus, A., 2001. Scheibe, E., 2006, 109-119, met en rapport les vues de Hertz sur l'isomorphisme et l'univocité de la représentation avec la problématique de la réduction inter-théorique en physique.

53. Pour une étude approfondie de la mécanique herztienne, on consultera Lützen, J., 2005.

54. M. Atten et D. Pestre (*Heinrich Hertz. L'administration de la preuve*, Paris, PUF, 2002) dressent un tableau détaillé et captivant de la réception faite par la communauté scientifique de la découverte de Hertz.

55. Heinrich Hertz, *Untersuchungen über die Ausbreitung der elektrischen Kraft*, Leipzig, Barth, 1892 ; 2e éd., 1894, 23.

56. *Ibid.*, 31. Ailleurs, Hertz s'exprimera ainsi sur les équations de Maxwell : « On ne peut éviter d'avoir le sentiment que ces formules mathématiques ont une existence et une intelligence bien à elles, qu'elles en savent plus que nous, plus, même, que ceux qui les ont découvertes, qu'elles nous offrent plus que ce que nous avons originalement mis en elles » – *Schriften vermischten Inhalts* (1895) ; *Miscellaneous Papers*, tr. D. E. Jones et J. A. Schott, Londres, MacMillan, 1896, vol. 1, 318.

57. Poincaré, H., 1905, 181.

58. *Ibid.*, 182.

Chapitre 2

LE DESCRIPTIVISME

La physique fut marquée au tournant du XXe siècle par la faillite des modèles mécanistes d'explication. Tout au long des cinquante dernières années, plusieurs développements avaient mis en cause la possibilité de soumettre les phénomènes physiques à des explications de type mécaniste. C'est ce constat d'échec qui formait la trame de l'ouvrage d'Abel Rey, *La théorie physique chez les physiciens contemporains* (1907). Rey y discutait les failles de cette vision de la physique comme prolongement de la mécanique. La formulation classique de cette conception mécaniste avait été donnée par Hermann von Helmholtz dans son célèbre *Mémoire sur la conservation de la force*.

Le *Mémoire* proposait des considérations portant sur les buts respectifs de la physique expérimentale et de la physique théorique. Helmholtz y exprimait son adhésion à la conception traditionnelle voulant que la science recherche, fondamentalement, la cause des phénomènes :

> En effet, ces sciences ont pour but de découvrir les lois d'après lesquelles les faits particuliers de la nature sont liés à des *règles générales :* ces règles étant connues, permettent à leur tour de déterminer tous les faits particuliers [...].
>
> La recherche de ces règles appartient à la science expérimentale, tandis que la science théorique étudie les causes inconnues à l'aide des actions sensibles, et cherche à les saisir suivant la loi de la causalité. Ces études

> sont justifiées et imposées par cet axiome : *tout changement dans la nature est dû à une cause suffisante.*
>
> Les causes les plus prochaines que nous attribuons aux phénomènes de la nature peuvent être *invariables* ou *variables*. Si elles sont variables, le même axiome nous conduit à chercher de nouveau les causes de cette variation, et ainsi de suite, jusqu'à ce que nous arrivions à une dernière cause agissant selon une loi fixe, c'est-à-dire, produisant à chaque instant et dans les mêmes circonstances, le même effet. *Le but ultime des sciences théoriques est donc de trouver les causes constantes des phénomènes*[1].

Ce modèle d'explication scientifique en tant qu'explication par la donnée de la cause s'appuyait fortement sur la notion de force, omniprésente en mécanique et conçue intuitivement comme cause des mouvements accélérés. Ce modèle d'explication causale était en fait un modèle d'explication mécanique et il s'insérait dans un programme plus large d'édification de la physique entière sur le socle de la mécanique :

> Enfin *le problème des sciences physiques consiste à ramener tous les phénomènes naturels à des forces invariables attractives et répulsives, dont l'intensité dépend de la distance des centres d'action.* La possibilité de comprendre parfaitement la nature est subordonnée à la solution de ce problème[2].

Rey décrivait donc comment cette conception classique de la physique avait été pour la première fois ébranlée par la découverte de la loi d'équivalence de la chaleur et du travail :

> La loi de l'équivalence de la chaleur et du travail eût semblé au premier abord apporter un argument de plus à la théorie mécanique de la chaleur, puisque sous la formule d'équivalence qu'elle établissait entre les quantités de travail mécanique et les qualités de chaleur, elle permettait de conclure une identité entre le mouvement et la chaleur : la chaleur ne devait avoir d'autre facteur qu'un mouvement, continuation logique d'un mouvement qui l'avait provoquée, mais non visible à notre sens grossier de la vue, alors que le premier l'était. La plupart des physiciens ont, en effet, accepté cette théorie. Mais il est aisé de remarquer aussi qu'une fois établie une formule mathématique simple, capable de représenter toujours d'une façon nécessaire et identique les transformations d'énergie mécanique en énergie thermique, certains esprits, mathématiciens de race, qui se meuvent aisément dans les notions abstraites, mais qui répugnent aux images concrètes, devaient considérer comme inutile l'hypothèse d'une image concrète. Pourquoi chercher des mouvements invisibles, des masses cachées, des liaisons abstraites, alors que la formule mathématique suffit à tous les besoins de la science[3] ?

Il n'y avait alors plus de raisons de privilégier les modèles mécanistes d'explication par rapport aux explications basées sur une notion généralisée d'énergie. Rey décrivait ainsi la révision alors opérée dans les fondements de la mécanique classique, voire dans la conception que l'on se faisait de ce qu'une théorie physique devrait être :

> D'une façon générale, on peut dire que les modifications de la conception générale de la physique consistent surtout dans le rejet de la valeur ontologique des théories figuratives, et dans le sens phénoménologique très accentué que l'on attribue à la physique. On va jusqu'aux limites du positivisme, si l'on entend par ce mot l'exclusion rigoureuse de toute tendance métaphysique et ontologique, qui prétendrait dépasser ou outrepasser les apparences sensibles. Il est sorti de cet effort une conception nouvelle de la physique – qui ne s'oppose peut-être pas autant qu'on l'a dit quelquefois à la conception antérieure – mais qui, en tout cas, la modifie profondément. Cette conception nouvelle, on peut l'appeler *conceptuelle*, parce qu'elle substitue aux intuitions figurées, aux constructions représentatives du mécanisme traditionnel, des notions abstraites pures et simples des concepts de quantités non figurées. Elle remplace ce qui était langage sensible, termes de perception, comme les masses, les mouvements, les liaisons, les chocs, les mécanismes, par un langage d'idées, par des termes d'intellection. Des grandeurs définies algébriquement, et non géométriquement, encore moins mécaniquement, des variations numériques mesurées à l'aide d'une échelle conventionnelle et non plus des changements perceptibles, mesurés par des déplacements dans l'espace par rapport à une origine locale, voilà les matériaux de la conception nouvelle : la physique conceptuelle, par opposition à la physique mécaniste ou figurative[4].

Ce que Rey appelait les « théories figuratives », ce sont ces interprétations de la physique qui accordent une valeur ontologique aux notions mécanistes qui sont mises en jeu. Or les échecs encourus dans les tentatives de donner une interprétation mécanique des principes de la thermodynamique avaient ouvert toute grande la voie à une restructuration conceptuelle de la physique, au sens où la notion généralisée d'énergie apparaissait plus adéquate à remplir le rôle de notion fondamentale.

Lorsque, par une généralisation qui s'imposait, la loi expérimentale de l'équivalence du travail et de la chaleur fut transformée en principe général de l'équivalence de toutes les formes de l'énergie pour devenir le principe de la conservation de l'énergie, la tendance à délaisser le mécanisme traditionnel n'en fut qu'accentuée. Pourquoi doubler cette formule d'une intelligibilité si claire, par des constructions compliquées, et représenter toutes les formes de l'énergie par l'énergie mécanique, c'est-à-dire par un ensemble de situations et de vitesses initiales ? Pourquoi vouloir ramener à la forme spéciale d'un cas particulier une loi qui paraissait être universelle, et pourquoi s'acharner à dériver de ce cas particulier toute la physique, alors qu'on avait une formule générale d'où l'on pouvait au contraire très facilement déduire à son tour ce cas particulier ?

Certains trouvèrent donc plus simple de renoncer à la mécanique pour asseoir l'édifice de la physique, et de considérer la mécanique elle-même comme une aile de l'édifice, se limitant à l'étude des formes mécaniques de l'énergie. Selon cette nouvelle conception, l'édifice tout entier serait plus harmonieux, plus simple, plus logique, plus intelligible, s'il se fondait sur la notion générale d'énergie et sur les deux grands principes qui lui sont relatifs. Par là, la théorie énergétique se construisit en opposition au mécanisme traditionnel[5].

Il en résultait donc un constat d'échec de la mécanique comme fondation de la physique, ainsi qu'une désontologisation des mécanismes théoriques postulés par l'image reçue. Pour qui œuvrait dans l'optique de la mécanique classique, cela signifiait qu'il fallait se méfier des interprétations littérales de la mécanique et éviter d'attribuer une portée ontologique à la description que fait la mécanique des phénomènes. L'exigence de fournir la véritable explication des phénomènes ayant été mise en veilleuse, le contenu de la théorie physique devenait à la fois descriptif et symbolique.

Un des premiers à remettre en question les explications mécanistes avait été Emil Du Bois-Reymond. Physiologiste célèbre de l'université de Berlin, Du Bois-Reymond avait donné en 1872 une conférence (« Sur les limites de la connaissance de la nature ») qui eut une vaste résonance ; en tout état de cause, elle connut huit éditions en dix-neuf ans[6]. Partant du principe que l'explication du monde se base sur l'explication mécanique qui le ramène à un système de points matériels en mouvement, et conscient des failles du modèle mécaniste, Du Bois-Reymond affirmait que notre explication scientifique du monde serait toujours insuffisante et concluait par ces mots : *Ignorabimus*.

L'explication scientifique étant identifiée à l'explication mécanique, l'échec déjà entrevu du mécanisme représentait donc dans un certain sens la faillite de la notion même d'explication en physique, voire d'explication en science. Devant le scepticisme de Du Bois-Reymond, l'alternative était de soit laisser tomber le principe voulant que la mécanique constitue la base de la physique, soit de renoncer à l'explication comme tâche de la physique. Kirchhoff, qui proposait encore en 1865 (« Sur le but des sciences de la nature ») comme but à la science sa réduction à la mécanique (tout en admettant qu'elle n'atteigne peut-être jamais le but idéal : déterminer à un moment donné toutes les forces présentes dans la nature, et l'état de la matière) opta pour la deuxième branche de l'alternative. Dans la Préface de son *Cours de physique mathématique. Mécanique*, Kirchhoff s'exprime ainsi :

> Le point de départ que j'ai choisi diffère des présentations habituelles. On a coutume de définir la mécanique comme la science des *forces*, et les forces, comme les *causes* qui produisent les mouvements ou *ont la capacité* de les produire. Cette définition a certes été de la plus grande utilité dans le développement de la mécanique, et elle l'est encore dans l'apprentissage de cette science, lorsque celle-ci est expliquée à l'aide d'exemples tirés de l'expérience de la vie quotidienne. Elle est cependant entachée de l'obscurité dont il est impossible de délivrer les concepts de cause et de capacité. [...]. Eu égard au degré de rigueur que l'on obtient par ailleurs en mécanique, il m'est apparu désirable d'en écarter de telles obscurités, même si cela ne s'avère possible qu'en restreignant la tâche qu'elle doit se donner. C'est ainsi que je donne pour tâche à la mécanique de *décrire* les mouvements qui se produisent dans la nature, de façon complète et la plus simple possible. C'est dire que la mécanique doit se limiter à déterminer *quels sont les phénomènes* qui se produisent et non pas en rechercher les *causes*. Partant de ce principe et supposant les représentations d'espace, de temps et de matière, on parvient par des moyens purement mathématiques à formuler les équations générales de la mécanique. Ce faisant, on met en jeu le concept de force sans être en mesure d'en donner une définition complète. L'incomplétude de cette définition n'entraîne ici aucune obscurité, car l'introduction de forces ne constitue qu'un moyen de simplifier la formulation de la théorie, en l'occurrence : d'exprimer en peu de mots des équations qui, sans l'aide de ce terme, ne pourraient en être qu'alourdies. Il suffit ici, pour écarter toute obscurité, d'en donner une définition qui fasse en sorte que toute énoncé de la mécanique où il est question de forces puisse être traduit en équations ; c'est ce qui se produit par la voie que j'ai empruntée[7].

Le concept fondamental de force n'est donc qu'un moyen utilisé pour décrire les phénomènes et les déduire des lois. Ce point de vue instrumentaliste en physique fut adopté par nombre de scientifiques tout au cours du déclin du modèle mécaniste. La remise en cause de ce modèle fut accompagnée de l'adoption d'une position anti-réaliste, conçue comme attitude anti-métaphysique déjà notée par Rey. Ce phénoménalisme au sens scientifique du terme ne voyait plus la découverte des différentes forces dont parle la mécanique comme un but, mais comme un moyen permettant d'atteindre à une systématisation des phénomènes et, de façon générale, une vision unitaire du monde.

Les critiques de Du Bois-Reymond sur les prétentions de la science à pouvoir tout expliquer furent exploitées par les tendances antiscientifiques de la période. L'idée d'une « banqueroute » de l'explication scientifique était bien dans l'air du temps[8]. On utilisa l'autorité de Kirchhoff (qui avait restreint la tâche de la mécanique à la description des phénomènes naturels) pour promulguer cette idée. Elle eut un grand impact sur les scientifiques mêmes et malgré la réplique de certains (dont Haeckel), il faut donner raison à Abel Rey pour qui l'abandon du modèle mécaniste d'explication scientifique permet de couper court aux controverses suscitées par les vues de Du Bois-Reymond :

> Le profit ne paraîtra pas mince pour lever un obstacle qui a causé à beaucoup de graves soucis. Je veux parler des déclarations fameuses concernant l'avenir de notre connaissance de la nature, que Du Bois-Reymond, le célèbre physiologiste de l'Université de Berlin, a faites d'abord au Congrès des naturalistes, à Leipzig, ensuite dans quelques mémoires plus étendus, et dont le point saillant est cet *Ignorabimus* tant commenté. Dans la longue polémique suscitée par cette parole, la victoire est restée, me semble-t-il, à Du Bois-Reymond, car tous ses adversaires s'appuyaient sur le principe même dont il avait déduit son *ignorabimus* et ses conclusions valaient ce que vaut ce principe même. Ce principe, qu'à ce moment personne ne songeait à mettre en discussion, c'est la conception mécanique de l'univers ; c'est la supposition que le dernier stade auquel peut parvenir notre explication du monde est de le ramener à un système de points matériels en mouvement. Si ce principe disparaît, et il doit disparaître, comme nous l'avons vu, l'*ignorabimus* tombe, et la route se rouvre à la science. Je ne pense pas que cette conclusion étonne qui que ce soit : si j'en juge par moi-même, aucun physicien ou naturaliste n'a cru fermement à l'*ignorabimus*, sans en reconnaître peut-être le point faible, que je viens de signaler[9].

Indicatif de l'ampleur de l'impact des thèses de Du Bois-Reymond : encore en 1951, Hans Reichenbach fait allusion à cet *ignorabimus*, pour y répondre dans les lignes de l'empirisme logique. Commentant la question de savoir si la physique fournit une explication du *big-bang*, Reichenbach écrit :

> Quiconque pose la question se place sur un terrain philosophique et le scientifique qui tente d'y répondre s'est transformé en philosophe. Voyons l'attitude du philosophe moderne face à cette question. La philosophie spéculative y a répondu en inventant une cosmogonie où la fiction tenait lieu de science ou en postulant un acte de création de la matière *ex-nihilo*, ce qui était une façon mal voilée de répondre : « Nous ne le savons pas ». Aller plus loin et baser cet aveu d'ignorance sur un « Nous ne le saurons jamais » revient à s'arroger, sous le manteau de l'humilité, le pouvoir d'anticiper les développements futurs de la science. Le philosophe moderne réagit différemment. Il refuse de donner une réponse définitive qui reviendrait à décharger le scientifique de ses responsabilités. Tout ce qu'il peut faire, c'est de tirer au clair ce qui peut être questionné de façon sensée et d'esquisser une pluralité de réponses possibles, laissant au scientifique le soin de déterminer un jour laquelle des réponses est la bonne[10].

Ernst Mach et, à sa suite, Duhem et Poincaré ont, chacun à leur façon, adopté ce point de vue descriptiviste d'une science physique qui n'explique pas, mais se contente de décrire, tout en professant des positions sensiblement différentes en ce qui a trait à la métaphysique.

Mach

À l'instar de Helmholtz, Ernst Mach (1838-1916) puise les éléments de son épistémologie dans sa pratique de recherche en physiologie. Lorsqu'il commença ses études à l'Institut de physique de Vienne en 1855, il y avait déjà un programme de recherche bien établi autour de son directeur Andreas von Ettingshausen ; il s'agissait de réduire les phénomènes problématiques à des mouvements de molécules – « molécules » de matière et « molécules » d'éther – et d'appliquer les lois de la mécanique. Ses recherches portèrent sur la physiologie acoustique et sur la perception visuelle. Après l'obtention de son doctorat en 1860, Mach devint *Privatdozent*, c'est-à-dire chargé d'enseignement avec rémunération proportionnelle au nombre d'étudiants, à l'Université de Vienne. Il donna cours sur des thèmes méthodologiques et historiques (« Méthodes de recherche en physique », « Principes de mécanique et physique mécanique dans son développement historique »). Après un bref séjour à Graz (1864-1867), Mach obtint la chaire de physique de l'université de Prague où il y demeura jusqu'à son retour à Vienne en 1895, où, succédant à Brentano, il occupera une chaire de philosophie ; en fait, la chaire de *Philosophie des sciences inductives* fut créée expressément pour lui. Mach ne put l'occuper que jusqu'en 1901, une hémorragie cérébrale survenue trois ans auparavant l'ayant laissé paralysé du côté droit. Il n'en continua pas moins à travailler jusqu'à son décès, qui survint dans la même année que celui de Pierre Duhem, en 1916.

L'influence de Mach ne fut pas limitée aux milieux scientifiques et philosophiques ; elle s'étendit aux milieux politiques (en particulier sur l'austro-marxisme) et socioculturels. Ses conceptions épistémologiques se rattachaient d'ailleurs aisément à la mentalité philosophique autrichienne qui fut en général imperméable à l'idéalisme allemand issu de Kant et Hegel et plutôt associée aux orientations philosophiques réalistes et phénoménologiques des Bolzano, Zimmerman et l'école de Brentano[11].

Sur le plan de l'histoire de la philosophie des sciences, Ernst Mach fut un influent défenseur du descriptivisme promulgué par Kirchhoff. L'implantation de ce point de vue sur la tâche purement descriptive de la science fit en sorte que la question kantienne portant sur les conditions de possibilité de connaissance du monde phénoménal se transforma en une investigation des conditions de description adéquate du monde. Dès lors, la question devenait pertinente de savoir si le langage, en tant que faculté de représentation, est adéquat dans sa fonction cognitive ; le terrain se trouvait ainsi préparé pour ce que l'on a appelé le « tournant linguistique » de la philosophie, opéré au début du XXe siècle.

L'épistémologie de Mach est souvent associée à une forme de positivisme qui remonte (par son appellation) à Auguste Comte. Il faut noter que Mach se réclama lui-même d'influences huméennes et kantiennes et que le sol germanique fut plutôt infertile pour les idées de Comte. C'est sans doute en historiographie, avec Wilhelm Dilthey, que les idées de Comte reçurent le plus d'écho. Durkheim n'eut pas d'équivalent en Allemagne, et les sociologues de son temps étaient peu préoccupés des fondements de leur discipline ; quant à Max Weber, il répudia expressément le positivisme. Dans les milieux philosophiques, deux mouvements se développèrent en Allemagne dans la dernière décennie du XIXe siècle qui traitèrent de problèmes soulevés par Comte sans en suivre la philosophie : l'empirico-criticisme et le monisme matérialiste.

Il s'était déjà créé dans cette même période une forte alliance entre la philosophie empiriste et la science. Une nouvelle pratique s'était implantée chez les épistémologues férus de Kant dans sa critique de la métaphysique, et critiques de Kant dans l'objectif d'élaborer une théorie de la connaissance qui soit adéquate aux avancées de la science. Alors que le criticisme kantien attaquait une certaine forme de métaphysique et tenait pour acquise la science newtonienne, on s'employa à critiquer les concepts de la science elle-même. La méfiance empiriste traditionnelle à l'égard des abstractions se porta sur certaines des notions centrales en physique, comme celles de force, de masse, et d'atome. Mach fut un des représentants les plus célèbres de ce mouvement par la critique qu'il adressa aux notions d'espace et de temps absolus dans la mécanique newtonienne.

C'est durant sa première année à Prague que Mach publia sa première ébauche de sa critique du concept de masse en mécanique[12]. Mach avait reconnu deux problèmes reliés à la première loi de mouvement de Newton. Le premier était que cette loi faisait appel à des notions absolues de repos et de mouvement, de même qu'à celle d'un espace absolu que Mach considérait comme inintelligible. La solution qu'il formula évacuait de la première loi ces éléments dénués de détermination empirique. Le second problème consistait en ce que la seconde loi était présupposée dans toutes les applications empiriques de la théorie newtonienne, rendant ainsi problématique son statut empirique. La solution qu'il proposa fut de considérer la seconde loi de Newton comme une définition de la notion de force, et non comme une détermination empirique de cette notion.

Newton avait défini la masse comme « quantité de matière » d'un corps, égale au produit de son volume et de sa densité. Mach critiqua cette définition du concept non seulement en raison de son caractère vague et intuitif, mais aussi en raison de son caractère tautologique, la densité n'étant rien d'autre que la masse par unité de volume. Par ailleurs, si l'on considère le cas où une même force externe f agit sur deux masses différentes m_1, m_2 pour produire des accélérations différentes a_1, a_2, la formule $f = m_1 \times a_1 = m_2 \times a_2$ nous permet d'obtenir directement : $a_1/a_2 = m_2/m_1$. À l'aide d'un choix conventionnel d'une unité de masse, on peut utiliser cette équation comme définition de la masse, puisque le rapport des masses est uniquement déterminé par le rapport des accélérations, indépendamment des forces externes qui agissent sur elles et, en particulier, indépendamment de leurs vitesses respectives. La notion dynamique de masse se trouve donc entièrement déterminée par les notions purement cinématiques impliquées dans celle d'accélération. Sur la base de cette définition de la masse, la formule $f = m \times a$ peut alors agir comme définition opérationnelle du concept de force. Par définition opérationnelle d'une notion (quantitative), on entend la donnée des procédés de mesure de la valeur en question ; selon la doctrine opérationnaliste, seules de telles définitions établissant un véritable lien entre une notion et des phénomènes observables peuvent lui assurer son caractère empirique[13]. Comme Philipp Frank le soulignait, le système entier de la mécanique newtonienne repose sur le fait empirique que le rapport des accélérations que subissent deux corps sur l'effet d'une même force est constant et ne dépend pas, en particulier, de leur vélocité[14]. Nous sommes alors assurés de la constance de la masse d'un corps si nous la définissons par le rapport a_1/a_2. Pour Newton, le fait que la masse d'un corps soit constante était une évidence, tout comme l'intelligibilité de la notion de *quantité de matière*. En fait, seule l'indépendance de a_1/a_2 par rapport à la vélocité des corps en question permet d'introduire la notion d'une masse constante en mécanique ; que cela soit le cas pour les vitesses négligeables par rapport à la vitesse de la lumière est un fait d'expérience. Dans l'analyse critique qu'il fait de la mécanique newtonienne dans son célèbre ouvrage de 1883, Mach souligne que la constance de la masse (ainsi définie) est un fait d'expérience et non un principe *a priori*[15]. Rien n'interdisait *a priori* que des expériences futures indiquent un changement de masse dû à des facteurs externes ; et comme de fait, l'étude du mouvement de particules dont la vitesse est non négligeable par rapport à celle de la lumière devait bientôt démontrer la validité restreinte de l'équation fondamentale newtonienne[16].

L'idée de considérer la seconde loi du mouvement de Newton comme une définition et non comme une loi de la nature devait plus tard influencer Henri Poincaré. Mais l'opérationnalisme inhérent à l'approche de Mach atténue sa teneur conventionnaliste. En effet, l'équation $f = m \times a$ serait une pure définition conventionnelle si on ne parvenait pas à donner une définition indépendante de la notion de force. Pour donner une interprétation empirique à cette formule, il faut considérer ses diverses applications particulières aux systèmes mécaniques. Les lois fondamentales d'une théorie telles que $f = m \times a$ n'obtiennent véritablement de contenu empirique que lorsqu'elles sont mises en réseau avec d'autres lois de la théorie. Si nous ajoutons aux lois du mouvement de Newton la loi de la gravitation, nous obtenons certaines conséquences empiriques. Supposons qu'un corps de masse m se déplace dans une région infime de l'espace et que la force f agissant sur ce corps soit constante. Il découle directement de $f = m \times a$ que l'accélération (que l'on peut noter : g) sera également constante. Un simple calcul mathématique permet d'obtenir que la distance parcourue par ce corps dans un temps t soit donnée par la formule $d = {}^{1}/{}_{2}gt^2$. La seconde loi du mouvement de Newton s'applique donc au mouvement d'un corps se déplaçant sous l'influence de la gravitation dans une petite région de l'espace. Si l'on considère le même mouvement dans une grande région de l'espace, on doit supposer que f n'est pas constante et qu'elle varie plutôt selon la loi de la force gravitationnelle $f = c \times m_1 m_2 / d^2$, où d représente la distance séparant les deux masses qui subissent la force d'attraction gravitationnelle (c représente ici une constante d'échelle). Que la force gravitationnelle agisse selon un rapport proportionnel inverse du carré de la distance qui les sépare implique qu'une des deux masses suivra une orbite elliptique autour de l'autre. Voilà une conséquence empiriquement vérifiable et vérifiée. Si nous avons la loi de la gravitation, nous pouvons utiliser la seconde loi de Newton pour calculer l'accélération (et donc le mouvement) d'un corps orbitant autour d'un autre corps.

> La formule $f = m \times a$ n'exprime pas le contenu factuel de la mécanique newtonienne. C'est l'existence d'autres formules pour la valeur de f qui peuvent être substituées dans cette expression et donner l'accélération des corps au moyen d'une expression simple en termes de distance qui les sépare qui donne $f = m \times a$ à son contenu factuel. Cette accélération est évidemment relative à un système dans lequel la loi de l'inertie est valide, ce que nous avons appelé un *système inertiel.* La véritable découverte empirique de Newton, c'est que l'accélération d'un corps par rapport à un système inertiel est donnée par une formule simple en termes de la distance qui sépare ce corps des autres corps[17].

Les orbites que décrivent les planètes du système solaire, par exemple, sont évidemment des ellipses imparfaites en raison de l'interaction gravitationnelle des diverses planètes ; elles dévient des parcours impossibles à déterminer à l'aide d'équations simples. Mais le fait demeure que tous les parcours de tous ces corps sont déterminés sur la base de leur accélération relative à un système inertiel.

Les lois de Newton n'ont donc de sens opérationnel que si l'on a déterminé un système d'inertie. En pratique, le système des étoiles fixes constitue système inertiel approximativement adéquat. Dans sa formulation originale, la loi de l'inertie faisait essentiellement référence à l'espace absolu, conçu comme espace vide de toute matière. Dans l'optique newtonienne, le système des étoiles fixes devrait être postulé comme au repos par rapport à l'espace absolu. L'impossibilité de donner une signification opérationnelle à la notion d'espace absolu incita Mach à répudier cette notion comme *Begriffsungetüm* ou monstre conceptuel.

On sait quel effet la critique de Mach a eu sur la manière dont Einstein a pu effectuer, en 1905, son analyse de la notion de simultanéité, qu'il montra être définie différemment dans chaque inertiel associé à un observateur. En requérant que toute proposition en physique soit rapportée à des relations entre des quantités observables, Mach fournit à Einstein le critère sur lequel celui-ci fonda ce raisonnement précis. C'est de manière analogue qu'Einstein s'est interrogé sur l'expérience du seau de Newton à partir des remarques de Mach sur une difficulté de l'inertie – l'inertie est basée sur des propriétés absolues de l'espace et du temps. Montrant cette difficulté, Mach en proposa une solution (dénommée par Einstein « principe de Mach ») : la masse inertielle d'un corps résulte de l'interaction avec les autres masses de l'univers (la force d'inertie s'oppose à une accélération résultant de ces masses). Bien qu'elle pose à son tour de nombreux problèmes, peut-être insolubles, cette idée opéra sur Einstein un déclic et le conduisit à s'interroger sur l'équivalence entre la masse inertielle et la masse gravitationnelle (principe d'équivalence).

> C'est Einstein qui a baptisé « principe de Mach » l'idée que la masse inerte d'un corps est déterminée par la distribution des autres corps dans l'univers. Dans cette perspective, la masse inerte n'a plus rien d'inerte et elle est équivalente à la masse gravitationnelle, comme le postulera Einstein dans la relativité générale[18].

Le premier ouvrage de Mach portant sur la philosophie et l'histoire des sciences date de 1872 : *Histoire et racines du principe de la conservation de l'énergie*[19]. La plupart des thèmes de son épistémologie s'y trouvent déjà présents (dont le principe d'économie de pensée, qui en est l'un des éléments directeurs). Dans la préface de la première édition de la *Mécanique* (1883), Mach dit que les idées qu'il y présente étaient en partie déjà en germe dans son article sur l'histoire et les racines du principe de la conservation de l'énergie et que des conceptions similaires ont été par la suite formulées par Helmholtz et Kirchhoff[20] ;

Le jugement qu'il porte dans les éditions ultérieures de la *Mécanique* des *Principes* de Hertz est sur le fond en tout point conforme à ceux qu'émettent Boltzmann et Duhem : il s'agit là beaucoup plus d'un programme pour le futur lointain que d'une mécanique achevée :

> S'il paraît difficile d'accepter, dans toute sa dureté, cette critique du système actuel de la mécanique, la conception nouvelle et originale de Hertz n'en doit pas moins être saluée comme un très grand progrès. [...]
>
> Dans cette belle image idéale de la mécanique que Hertz a développée, le contenu physique est comprimé à une expression si réduite, qu'il en devient à peine perceptible. [...]
>
> Comme programme idéal, la mécanique de Hertz est plus belle et d'une plus grande unité que notre mécanique ordinaire, mais celle-ci l'emporte dans les applications, ainsi que Hertz lui même le souligne (p. 47) avec cette grande sincérité qui le caractérise[21].

Après avoir rappelé au départ qu'il ne partage ni le kantisme de Hertz ni ses conceptions mécaniques, Mach en n'accueille pas moins volontiers la *théorie de l'image*, tout en la modifiant pour la rendre conforme à ses propres conceptions et préceptes épistémologiques. Il interprète le troisième critère d'adéquation pragmatique en termes du principe d'économie de la pensée :

> Il est exigé de ces images qu'elles soient logiquement admissibles, c'est-à-dire non contradictoires en elles-mêmes ; qu'elles soient en outre justes, c'est-à-dire qu'elles correspondent aux relations des objets entre eux ; et enfin qu'elles soient adéquates, qu'elles contiennent le moins possible de superflu. Nos concepts sont en effet des concepts que nous nous faisons nous-mêmes [*selbstgemacht*], sans toutefois pour cela qu'ils soient tout à

> fait arbitraires ; ils sont issus de nos efforts d'adaptation à l'entourage sensible. La concordance mutuelle des concepts est une exigence logique nécessaire, exigence qui est même la seule que nous connaissions. La croyance à une nécessité naturelle ne prend naissance qu'à partir du moment où nos conceptions de la nature sont suffisamment adaptées pour faire concorder leurs conséquences avec les phénomènes. Mais cette hypothèse de l'adaptation suffisante de nos conceptions peut être infirmée à chaque instant pas l'expérience. L'exigence de commodité de Hertz correspond à notre exigence d'économie[22].

Mach fait également référence à Avenarius en ce qui concerne le principe d'économie de la pensée[23]. Richard Avenarius (1843-1896) compte parmi les rares philosophes allemands à s'être réclamé de l'empirisme dans un siècle largement dominé par différents courants issus du kantisme. Auteur d'une *Critique de l'expérience pure*, il promulgua une forme d'empirisme critique (*l'empiriocriticisme*) qui fut l'objet d'une critique polémiste de la part de Lénine[24]. Un des principaux traits de son approche est son caractère évolutionniste. Avenarius aborde la connaissance en tant que processus biologique d'adaptation de l'organisme humain aux différents stimuli du milieu. Les conduites cognitives sont alors analysées en tant que processus de maintien ou de rétablissement de l'équilibre, processus qui exige que s'ajoutent à ce qui est effectivement donné dans les sensations des éléments qui sélectionnent et organisent les contenus de connaissance. Également caractéristique de l'approche d'Avenarius est son rejet de tout dualisme entre le psychique et le physique. Avenarius fut d'ailleurs celui qui fonda en 1877 la revue *Vierteljahrsschrift für wissenschaftliche Philosophie*, qui fut la plus importante revue philosophique de cette tendance moniste.

Mach adopta également une conception moniste selon laquelle les faits dont traitent la physique, la biologie, la physiologie et la psychologie peuvent tous être décrits dans les termes d'un idiome commun, un ensemble hétérogène d'éléments de sensations. Dans l'*Analyse des sensations*, il élabora une position holiste selon laquelle il n'y a pas de différence de nature entre les phénomènes physiques et les phénomènes psychiques. La nature physique ou la nature psychique n'est pas un caractère des éléments de l'expérience, mais relève plutôt d'un certain mode de leur organisation cognitive. La notion d'« éléments de sensations », tout comme le programme d'« analyse des sensations », font écho aux *Éléments de psychophysique* de Fechner et aux travaux séminaux de Helmholtz en physiologie acoustique ; ce dernier avait montré comment tous les bruits et les sons pouvaient se décomposer en tons, le ton étant l'entité sensorielle acoustique élémentaire sur la base de laquelle on pourrait reconstruire, par composition progressive, tous les sons[25].

Mach et Boltzmann sont à la source d'une épistémologie évolu tionniste des sciences. Dans le cas de Mach, l'évolutionnisme sert de base au point de vue descriptiviste[26]. Si l'on conçoit les conduites cognitives comme foncièrement un comportement d'adaptation, il n'y a plus lieu de distinguer entre l'explication et la description scientifiques. Dès lors que nous avons décrit de la façon la plus complète et la plus simple possible les phénomènes naturels, qu'y a-t-il encore à *expliquer* ? Le désir d'explication porte à la postulation d'hypothèses et d'entités superflues dont on aurait avantage à purifier la science. Mach attribuait à ce désir de connaître l'essence ou l'explication ultime des choses la position agnostique de Du Bois-Reymond, dont l'*ignorabimus* provenait en fait, selon Mach, de questions mal posées. Par ailleurs, la question de savoir si la description donnée d'un phénomène est la plus exhaustive et la plus économique possible est une question qui peut être posée de nouveau. La critique machienne de la notion d'espace absolu aura montré qu'on peut, dans le développement de la mécanique, remplacer la description newtonienne par une autre qui soit encore plus simple. Dans la préface à *La connaissance et l'erreur*, il précisa que son but « n'a pas été d'introduire une philosophie dans les sciences de la nature, mais plutôt d'en séparer une ancienne philosophie vieillie qui fait obstacle à son progrès »[27]. Le point de vue descriptiviste de Mach lui permettait également d'adopter une position plus sereine devant l'épineuse question de savoir si l'édifice de la physique pouvait encore reposer sur des principes mécanistes. Si l'explication est la description, il ne fait aucune différence que cette explication soit donnée par les lois de la mécanique ou par celles de l'électromagnétisme, ou même par une interprétation statistique de la thermodynamique. L'épistémologie de Mach illustrait d'ailleurs comment descriptivisme et conventionnalisme peuvent s'allier pour former un tout cohérent : le principe d'économie de la pensée vient encadrer notre liberté d'arrêter nombre de conventions dans notre description des phénomènes naturels[28].

Boltzmann

Lorsque Ludwig Boltzmann (1844-1906) amorce la diffusion de ses conceptions sur la théorie physique, sa méthode et ses principes, son œuvre scientifique majeure est déjà réalisée. En 1877, à 33 ans, il avait contribué à la formulation de la « loi de Maxwell-Bolztmann », rédigé ses travaux importants sur les processus d'équilibre et de transport, donné une explication du paradoxe de la réversibilité, et établi la relation entre entropie et probabilité. Très tôt ses talents de mathématicien l'avaient aidé à asseoir la théorie des gaz sur des bases atomistes et mécanistes ; de même pour la thermodynamique, en un certain sens, grâce à l'interprétation statistique qu'il donnait de la seconde loi. Alors qu'il avait obtenu sa première chaire de physique à Graz, Boltzmann s'était rendu, en 1870, à Berlin, pour y travailler au laboratoire de Helmholtz. Il obtient la chaire de physique à Vienne en 1873, pour ensuite revenir enseigner à Graz et y demeurer pendant 13 années, de 1877 à 1890. Les dernières années à Graz furent marquées d'une série d'épreuves personnelles qui l'incitèrent à accepter une chaire à Munich. Quatre ans plus tard, il revient à Vienne prendre la succession de son ancien professeur de physique, Josef Stefan.

Boltzmann a entretenu des controverses toute sa vie. Il eut très tôt des disputes de priorité avec Josef Loschmidt et Stefan, puis avec Ernst Zermelo, mathématicien de talent et assistant de Max Planck. Aussi avec Wilhelm Ostwald, sur la question de l'énergétisme ; en 1895, il avait défendu avec véhémence et succès apparent le point de vue atomique devant Ostwald à la conférence de Lübeck[29]. Cette même année, Mach revenait de Prague (où il avait œuvré pendant 18 ans) pour accéder à la nouvelle chaire de *Philosophie des sciences inductives*. Quelle qu'ait été cette cohabitation avec Mach à Vienne, Boltzmann accepta en 1900 un poste à Leipzig (où il retrouvait Ostwald, avec qui il s'était d'ailleurs lié d'amitié), pour revenir deux ans plus tard à Vienne et être bientôt mandaté, bien qu'il fût professeur de physique théorique, de pourvoir les cours de la chaire de Mach demeurée vacante depuis 1901, ce qu'il fit jusqu'à son suicide en 1906[30].

Du temps où nous prenons la discussion des vues épistémologiques de Boltzmann, c'est-à-dire la dernière décennie du XIXe siècle, le point de vue descriptiviste, ci-dessus décrit, formulé de façon paradigmatique par Kirchhoff et parrainé par l'influent Mach, était largement répandu. Ainsi Karl Pearson pouvait-il écrire dans la préface à la seconde édition (1900) de sa *Grammar of Science* :

> Peu à peu les hommes de science en viennent à reconnaître que la mécanique n'est pas à la base des phénomènes, qu'elle constitue seulement la sténographie par laquelle nous parvenons à décrire brièvement et résumer l'expérience. Que toute science est une description et non une explication, que le mystère du changement dans le monde inorganique est tout aussi grand et tout aussi omniprésent que dans celui du monde organique, voilà qui paraîtra des lieux communs à la prochain génération[31].

Dans la préface à l'édition de 1911, les propos de Pearson sont encore plus tranchés :

> Il n'y a plus personne qui croit que la science explique quoi que ce soit. Tous la considèrent comme une description sténographiée, comme une économie de la pensée[32].

Dans une autre préface et plus près de nous, un philosophe des sciences qui a œuvré trente années à la question de l'explication scientifique écrivait :

> Je présume que ce qui peut paraître encore plus surprenant au lecteur moderne, c'est le fait qu'au début du XXe siècle, plusieurs philosophes et scientifiques de premier rang niaient l'existence ou la possibilité même de l'explication en science[33].

Boltzmann, de son côté, fit exception en la matière et refusa de réduire la tâche de la théorie physique à la simple description des phénomènes. Au tout début de ses « Principes de base et les équations fondamentales de la mécanique », il fait référence au descriptivisme qui prévaut alors et écrit :

> Mais si l'on pénètre dans les voies et moyens je dirais, dans le mécanisme de notre pensée, on est conduit à contester la possibilité d'une semblable réduction[34].

Ces convictions seront réitérées dans la leçon inaugurale tenue à Vienne en 1902, où il exprime aussi très clairement son indéfectible adhérence au point de vue mécanique.

> Il y va de la tâche de la science, dans tous les domaines, d'expliquer le complexe à partir du simple ; ou, si l'on préfère, de représenter les phénomènes plus complexes de façon intuitive par des images qui sont tirées du domaine des phénomènes plus simples. C'est ainsi qu'en physique, on a cherché à ramener les phénomènes de son, de lumière, de chaleur,

> de magnétisme et d'électricité à de simples phénomènes de mouvement des particules atomiques qui composent les corps eux-mêmes. On l'a fait avec succès pour la plupart, mais pas pour tous. La science des phénomènes du mouvement, la mécanique donc, a ainsi jeté les bases de toutes les autres disciplines de la physique qui semblent de plus en plus devoir se transformer en domaines particuliers de la mécanique[35].

Dans sa défense de l'explication en science, Boltzmann part du principe que la physique a pour but la compréhension des phénomènes naturels. Mais il identifie la compréhension à la compréhension d'un mécanisme :

> Qu'est-ce donc que la compréhension parfaitement juste d'un mécanisme ? Chacun sait que, sur le plan pratique, le critère est la connaissance de son maniement juste. Pour un, je vais plus loin et j'affirme que cette définition de la compréhension d'un mécanisme est la seule qui tient.
>
> […] Pour nous, une personne qui connaît le mécanisme, c'est quelqu'un qui sait faire tout ce qu'il faut dans les cas de figure. C'est là apparemment la seule vraie définition de la notion de compréhension. Il nous est en effet parfaitement égal de ne pouvoir définir la juste façon de construire nos concepts, tant que ceux-ci sont toujours en mesure de nous mener au juste maniement[36].

Nulle surprise que dans l'esprit de Boltzmann, seule l'utilisation d'hypothèses mécaniques permet à la physique d'être fidèle à sa tâche d'explication. Notons simplement qu'une approche différente, qui donnerait la prédominance aux aspects logiques, plutôt que pratiques, de la notion d'explication, pourrait élever les mêmes prétentions.

La différence de vues entre des tâches explicatives, et des tâches purement descriptives imparties à la science, se traduisait respectivement en théorie physique par un débat entre les tenants de l'énergétisme et ceux de l'atomisme (puisque les explications étaient des explications mécanistes). Rappelons que du temps où, entre la parution des deux tomes des *Cours sur les principes de la mécanique* (1897-1904), Boltzmann rédige ses leçons de 1899 sur les méthodes et les principes de la mécanique, il régnait en physique théorique les deux tendances décrites plus haut par Abel Rey. La première, l'école anglaise, celle des Faraday et Maxwell, celle des *théories figuratives*, faisant ample usage de *modèles mécaniques* et formulant des hypothèses sur la constitution de la matière, telle l'hypothèse des atomes. Le programme était de développer l'électromagnétisme et la thermodynamique dans le cadre d'une extension de la mécanique comme la base de la théorie entière. La seconde, l'école phénoménologique, était celle de la physique allemande et française[37]. S'opposant à l'*Anschaulichkeit* (à l'apanage de caractère intuitif) des théories figuratives et des explications mécaniques, on promulguait une *physique des principes* qui évite l'incorporation, dans la théorie achevée, d'images et de modèles qui, malgré leur valeur heuristique, demeurent cependant rivés à l'intuition sensible et entraînent leur charge de contradictions. La tâche et teneur de la théorie physique se voyait ainsi ramenée à une prise en charge purement mathématique des phénomènes naturels. Adoptant un point de vue positiviste (au sens lâche) et promulguant une présentation abstraite et formelle des théories physiques, on prétendait ainsi éviter toute représentation des éléments non observables de la matière.

Sur le plan méthodologique, phénoménologisme et descriptivisme se recoupaient donc : en se dissociant du point de vue mécanique, on se dissociait en même temps des explications au moyen de modèles mécaniques. Sur le plan physique proprement dit, le mouvement phénoménologique prenait le nom d'énergétisme (opposé à l'atomisme) dont le programme était de fonder la physique sur la notion centrale d'énergie – l'énergie mécanique n'étant qu'une forme d'énergie parmi d'autres dans une physique démocratique. En tout état de cause, on avait affaire aux mêmes personnes. Wilhelm Ostwald (1853-1932), Georg Helm (1851-1923) et Pierre Duhem (1861-1916), qui avaient entrepris de développer la thermodynamique, et la théorie des transformations de l'énergie en général, sur une base purement macroscopique sans référence aucune aux hypothèses atomistes, pouvaient faire cause commune avec la physique des principes d'un Hertz ou le positivisme d'un Mach. Duhem s'expliquait cette divergence de mentalité scientifique en termes de conceptions différentes du rôle des mathématiques en science :

> [...] Dans la construction d'une théorie physique, les Anglais n'attribuent pas toujours aux Mathématiques le même rôle que les savants continentaux.
>
> Pour un Français ou pour un Allemand, une théorie physique est essentiellement un système logique ; des déductions parfaitement rigoureuses unissent les hypothèses sur lesquelles repose la théorie aux conséquences qu'on en peut tirer et qu'on se propose de comparer aux lois expérimen-

tales ; si le calcul algébrique intervient, c'est seulement pour rendre moins lourde et plus maniable la chaîne de syllogismes qui doit relier les conséquences aux hypothèses ; mais dans une théorie sainement constituée, ce rôle purement auxiliaire de l'Algèbre ne doit jamais se laisser oublier ; il faut qu'on sente, à chaque instant, la possibilité de remplacer le calcul par le raisonnement purement logique dont il est l'expression abrégée ; et, pour que cette substitution puisse se faire d'une manière précise et sûre, il faut qu'une correspondance très exacte et très rigoureuse ait été établie entre les symboles, les lettres que combine le calcul algébrique, et les propriétés que mesure le physicien, entre les équations fondamentales qui servent de point de départ à l'analyste et les hypothèses sur lesquelles repose la théorie.

[…] Tandis que, pour le physicien français ou allemand, la partie algébrique d'une théorie est destinée à remplacer exactement la suite de syllogismes par laquelle cette théorie se développerait, pour le physicien anglais, elle tient lieu de *modèle* ; elle est un agencement de signes, saisissables à l'imagination, dont le jeu, conduit selon les règles de l'Algèbre, imite plus ou moins fidèlement les lois des phénomènes qu'on veut étudier, comme les imiteraient un agencement de corps divers se mouvant selon les lois de la Mécanique.

Le physicien français ou allemand est, le plus souvent, déconcerté par une telle conception de la Physique mathématique ; il ne songe pas qu'il a simplement devant lui un modèle monté pour saisir son imagination, et non pour satisfaire sa raison ; il persiste à chercher, sous les transformations algébriques, une suite de déductions qui conduisent d'hypothèses nettement formulées à ces conséquences vérifiables par l'expérience ; et ne les trouvant point, il se demande, anxieux, ce que peut bien être la théorie de Maxwell ; à quoi celui qui a pénétré l'esprit de la Physique mathématique anglaise lui répond qu'il n'y a rien d'analogue à la théorie qu'il cherche, mais seulement des formules algébriques qui se combinent et se transforment : « À cette question : Qu'est-ce que la théorie de Maxwell ? dit H. Hertz, je ne saurais donner de réponse à la fois plus nette et plus courte que celle-ci : La théorie de Maxwell, c'est le système des équations de Maxwell »[38].

Les aspects logiques de l'explication scientifique auxquels nous faisions allusion plus haut sont donc présents chez Duhem (« satisfaire la raison », « suite de déductions »), mais ils ne sont pas élaborés plus avant.

L'énergétisme, dans sa prédilection pour les représentations formelles et abstraites des théories physiques), formait alliance avec la

« physique des principes » d'un Hertz ; dans sa prétention à faire l'économie de toute représentation d'éléments non observables et de toute hypothèse invoquant des processus mécaniques réels sous-jacents, elle pouvait se réclamer du descriptivisme et du phénoménologisme machiens. En fait, l'école énergétiste faisait la loi dans presque tous les pays européens. Les raisons de l'opposition de la vaste majorité des physiciens français et allemands à l'atomisme étaient en partie d'ordre méthodologique : l'idée de particules minuscules et invisibles semblait relever de la métaphysique en regard de la thermodynamique qui ne postulait que des quantités mesurables. Mais elles avaient aussi rapport à un grave problème théorique pour les atomistes : la seconde loi de la thermodynamique affirmait l'existence de processus irréversibles qui ne peuvent être intégrés au point de vue mécanique.

Boltzmann semblait (et se semblait) plus ou moins isolé dans son combat contre la phénoménologie régnante. À l'époque où il soutenait les conceptions de l'atomisme et développait, dans sa *Théorie cinétique des gaz*, l'image moléculaire de la structure de la matière, sa position était difficile : les théories moléculaires ne semblaient plus porter de fruits (alors qu'un avenir très proche, mais encore inaperçu, devait lui donner bientôt raison). C'est ainsi que dans le débat contradictoire qu'il mena sur multiples fronts avec les énergétistes, il eut souvent à adopter une attitude conciliante, au prix parfois de la cohérence des thèses.

Boltzmann déploie cette tactique sur la base de la conception même que l'on peut se faire d'une théorie scientifique et qui est, encore une fois, une théorie de l'image [*Bildtheorie*]. Dans une conférence qu'il prononce à Graz en 1890 (à l'occasion de son départ pour Munich), Boltzmann s'exprime sur l'objet et la nature des théories physiques et professe une conception des théories physiques comme images des phénomènes naturels.

> Je suis d'avis que la tâche de la théorie consiste à construire une image [*Abbild*] du monde extérieur, qui existe uniquement en nous et qui doit nous servir de guide dans toutes nos pensées et nos expérimentations, pour ainsi dire dans le parachèvement du processus de pensée, dans l'accomplissement global de ce qui se passe en modèle réduit en nous dans tout processus de représentation[39].

Il ajoute que « c'est une tendance naturelle de l'esprit humain que de se forger de telles images et de les adapter de plus en plus au monde extérieur ». Théoriser consiste à ébaucher une image (une théorie) et à œuvrer constamment à son perfectionnement. L'image sera toujours imparfaite et la théorie ne doit pas se surestimer ; d'essence hypothétique, elle porte en elle-même ses propres insuffisances et il lui appartient de découvrir ses propres erreurs.

Nous notons donc que Boltzmann, par delà tous les différends qu'il pourra bien entretenir avec ses interlocuteurs, partage avec eux une théorie de l'image. On note également une affinité avec celle que Hertz formule dans ses *Principes* de 1894, en ce qu'il parle d'une reproduction à petite échelle dans l'image de ce qui se passe, à grande échelle, dans le monde phénoménal. On note aussi la parenté d'approche épistémologique avec Mach : la connaissance est foncièrement abordée en tant que processus biologique d'adaptation de l'organisme humain.

Plus loin dans cette brève conférence, Boltzmann aborde la question du réalisme scientifique (qui se polarisera plus tard sur celle de l'existence des atomes) dans le cadre de cette théorie de l'image, lorsqu'il pose la question : Comment, dans le raffinement constant apporté à la théorie, éviter de prendre l'image (qui n'existe qu'en pensée) pour la réalité effective [*das eigentlich Existierende*] ? En guise de réponse, il se limite à une allusion à Hegel, qui n'aurait pas su, dans sa philosophie naturelle, résister à la tentation.

Les allégeances méthodologiques de Boltzmann vont au début des années 1890 pour les conceptions Maxwell, de qui il se réclame en ce qui touche la théorie de l'image et la notion associée de modèles en physique. Il promulgue la méthode maxwellienne des analogies mécaniques qui donne à l'image scientifique son caractère intuitif [*Anschaulichkeit*]. Ces analogies utilisées par la théorie pour illustrer « des points de ressemblance frappants » entre l'image et la nature compensent, selon Boltzmann, l'abandon noté plus haut d'une complète congruence de l'image avec la nature.

Sur cette question du réalisme scientifique, Nadine de Courtenay convenait du fait que la théorie de l'image de Boltzmann permette « des interprétations diverses, allant du réalisme au subjectivisme le plus caractérisé, sans oublier la position consistant à avancer la thèse d'un éclectisme philosophique irréductible[40] ». Plus précisément, cette théorie de l'image permettait à Boltzmann d'être, selon la stratégie de l'occasion, tantôt réaliste (ce qu'il était de cœur), tantôt anti-réaliste (et même d'un idéalisme cru), comme lorsqu'il affirmera en 1904 que les atomes n'existent qu'en tant qu'images conceptuelles internes[41]. Ailleurs, il adopte une position similaire à celle de Helmholtz : on peut opposer à la question du réalisme (et de l'idéalisme) une fin de non-recevoir :

> Tous nos concepts et nos représentations ne sont en vérité que des images de pensée [*Gedankenbilder*], que nous exprimons par des mots. La tâche de notre pensée est alors d'utiliser et de relier entre elles ces images, en sorte que grâce à celles-ci, nous puissions à tout moment réaliser le plus facilement possible des actes concrets, et en inviter d'autres à suivre cet exemple. La métaphysique rejoint ici le point de vue le plus étroitement pratique : les extrêmes se touchent. Les symboles conceptuels que nous formons n'ont d'existence qu'en nous et nous ne saurions jauger les apparences extérieures à l'aune de nos représentations. Nous pouvons ainsi rejeter formellement des questions telles que celles-ci : La matière seule existe-t-elle et la force n'en est-elle qu'une propriété, ou la force existe-t-elle indépendamment de la matière, ou au contraire est-elle une production de la force ? Ces questions n'ont aucune signification, car tous ces concepts ne sont que des images de pensée ayant pour objet de représenter correctement les phénomènes[42].

Tout en la réduisant à un conflit portant sur le mode d'expression, où la question devient alors d'ordre pragmatique : « Il me semble, écrit-il, que le mode d'expression du réalisme est plus adéquat que celui de l'idéalisme » (1897a, 118). Sur la question même de l'hypothèse atomique, Boltzmann sera tantôt un réaliste convaincu de l'existence des atomes, tantôt un adepte de l'instrumentalisme, se contentant alors de la défendre comme un simple outil de recherche possédant des avantages heuristiques considérables.

Confronté à l'énergétique d'un Ostwald et à la phénoménologie d'un Mach, Boltzmann peut difficilement entamer une argumentation en faveur des préceptes mécaniques en invoquant les tâches explicatives de la science, que tous récusent. Il peut cependant trouver dans la *Bildtheorie* une conception même de la théorie physique qui soit commune. De plus, la théorie de l'image permet de ne pas interpréter de façon réaliste les conceptions opposées. Il peut ainsi jouer la stratégie d'un rapprochement, pour ensuite (au mieux) fait valoir la supériorité du point de vue atomique, ou (au pire) plaider sa légitimité en invoquant ce que Feyerabend appellera le pluralisme théorique.

Le rapprochement consiste à évoquer, comme il est bon de le faire, les Maxwell et Hertz, et à dire que nous nous faisons tous des modèles de la réalité. Or l'énergétique d'Ostwald prétend à une physique libre d'hypothèses [*hypothesenfreie Physik*], d'hypothèses mécaniques en particulier, dans la mesure où l'énergie cinétique du mouvement, qui en est le concept de base, peut se passer de toute explication matérielle (l'objet même du mouvement, ce qui se meut, étant un concept dérivé). L'approche énergétiste se restreint à des notions référant à des entités observables et à des relations mathématiques, sans inférence à une substance particulière. Il y va donc pour Boltzmann d'élaborer la théorie de l'image et d'invoquer, en premier lieu, la nécessité, pour les théories physiques, d'utiliser des modèles qui donnent une représentation abstraite et idéalisée des phénomènes et qui débordent forcément les contenus des résultats expérimentaux. Vouloir écarter les modèles, c'est vouloir écarter la théorie. Il faut admettre d'un côté la nature artificielle de ces modèles et de l'autre, leur caractère essentiellement hypothétique. Vouloir écarter l'hypothèse, c'est aussi vouloir écarter la théorie. De plus, différentes images peuvent prétendre représenter correctement les faits. Les théories scientifiques ne sont que partiellement déterminées par les faits ; le reste, ce qui n'est pas déterminé par les faits, doit être considéré comme une invention arbitraire de l'esprit humain et doit être évalué à l'aune de sa simplicité et de son habilité à prédire les phénomènes. Tout cela demeure jusqu'à ce point une argumentation nominale ou un rappel à Hertz.

La théorie de l'image de Boltzmann a ceci de novateur (et en cela il peut avoir préparé son compatriote auteur du *Tractatus*), qu'il l'applique au mathématisme de la théorie physique. Le gros de l'argumentation de Boltzmann repose en particulier sur son point de vue finitiste en mathématiques et, de façon générale, sur un mélange de naturalisme et de holisme qui opère l'osmose épistémologique des modèles mathématiques et des modèles proprement physiques d'une théorie physique.

Boltzmann réplique à l'énergétique que si l'on peut éviter à souhait les modèles mécaniques, on ne peut pas pour autant éviter l'utilisation de modèles, et cela, déjà au niveau des mathématiques que l'image utilise. Adoptant le point de vue finitiste, il récuse la notion d'*infini actuel* et conçoit tout ensemble fini comme la limite d'une collection finie d'éléments. Sur le plan mathématique comme sur le plan physique, l'infini ne signifie jamais rien d'autre qu'un passage à la limite.

> Si je dis à quelqu'un de sommer réellement un nombre infini de termes de la série 1 + $^1/_2$ + $^1/_4$ + ..., il ne pourra pas y parvenir. Mais si je lui dis de sommer suffisamment de termes pour qu'une nouvelle augmentation ne puisse influencer le résultat de façon sensible, je lui ai donné ainsi une règle clairement applicable, et toutes les démonstrations par lesquelles on établit que la somme d'une infinité de termes de cette série est égale à 2 n'ont d'autre sens que le fait d'ajouter encore des milliers et des milliers de termes ne conduit jamais à dépasser la valeur 2, mais permet d'en approcher toujours davantage[43].

Deux articles de 1897 s'adresseront spécialement à Mach[44]. Dans son utilisation du calcul différentiel et intégral, dit Boltzmann, la phénoménologie fait inévitablement, elle aussi, des hypothèses et va au-delà des faits :

> Les équations différentielles de l'approche phénoménologique en physique mathématique ne sont manifestement que des règles pour la construction et l'union de nombres et de concepts géométriques ; mais ces derniers ne sont en retour rien d'autre que des images de pensée à l'aide desquelles nous pouvons prévoir les phénomènes. La même chose vaut pour l'atomique, de sorte que sur ce point, je ne parviens pas à faire la moindre différence entre les deux approches. Il me semble en tout cas qu'une description directe d'un large domaine de faits est impossible, qu'on ne peut jamais que s'en faire une image mentale. On ne doit donc pas dire avec Ostwald : tu ne te feras pas d'images, mais seulement : tu ne devras t'en faire qu'en posant le moins possible d'arbitraire.

> La phénoménologie de la physique mathématique associe parfois sa prédilection pour les équations à une dévaluation du point de vue atomique. Je crois toutefois que c'est un raisonnement qui repose sur un cercle vicieux que d'affirmer que les équations différentielles vont moins au-delà des faits que ne le font les conceptions générales de l'atomique. Si on adopte au départ la conception que nos observations peuvent être présentées par l'image d'un continu, alors c'est certes l'atomique, et non les équations différentielles, qui va au-delà de cette conception. Il est en tout autrement si on a coutume de penser en termes de l'atomique : la situation est alors inversée, et la représentation du continu semble aller au-delà des faits[45].

Les équations différentielles de la physique se réfèrent en fait à des collections d'individus élémentaires en nombre fini. En fait, le concept mathématique du continu présuppose une conception atomiste.

> Que l'on ne pense pas un instant avoir produit une notion précise du continu par le simple fait d'avoir prononcé le mot ou d'avoir écrit une équation différentielle. En y regardant de plus près, une équation différentielle n'est que l'expression du fait qu'on doit d'abord penser un nombre fini [d'éléments] ; c'est la condition de départ ; ensuite ce nombre doit croître jusqu'à ce qu'une augmentation additionnelle n'ait plus d'influence. [...]
>
> Si donc on considère qu'une équation différentielle (ou une formule contenant une intégrale définie) est l'image la plus adéquate, on s'illusionne si on pense avoir ainsi affranchi notre image mentale de toute représentation atomiste ; car sans elle, le concept de limite est vide de sens. Plus encore, on affirme ainsi que, quel que soit le degré de raffinement que nous apportions à nos instruments d'observation, les différences entre les valeurs observées et les valeurs limites ne seront jamais observables.
>
> L'image qui présuppose un très grand nombre, mais un nombre fini de points matériels, n'est-elle pas celle qui va le moins au-delà des faits [46] ?

Boltzmann adopte donc une position empiriste en ce qui concerne les modèles mathématiques incorporés dans les théories physiques : ils ont pris leur origine de l'intuition sensible et ils ne peuvent s'en affranchir. Les considérer comme des entités formelles ou des structures abstraites exemptes d'interprétation empirique, c'est oublier comment nous y sommes parvenus. Boltzmann, dont la pensée mathématique est inséparable de la pensée physique, ne peut aller dans le sens de Hertz qui séparait dans la théorie physique formalisme mathématique et interprétation physique : le formalisme mathématique doit être interprété au départ, sinon il serait impossible de l'appliquer. Sur un plan plus général, on peut dire qu'au point de vue hertzien de la reconstruction rationnelle, il oppose le point de vue naturaliste, historicisant et psychologisant ; se refusant à ce qui s'appellera bientôt le *contexte de la justification*, Boltzmann maintient le *contexte de la découverte*.

Dans le premier volume de ses *Cours sur les principes de la mécanique* (1897) et dans ses articles de 1899 sur les principes de la mécanique, Boltzmann considère les conceptions de Hertz prématurément décédé. Il se réfère directement à sa théorie de l'image, pour en tirer immédiatement les leçons de neutralité ontologique et de pluralisme théorique. Il reconnaît les mérites tant scientifiques que philosophiques de l'image proposée par Hertz d'une mécanique exempte de la notion de forces. À l'instar de Mach, il en demeure cependant insatisfait ; il formule des critiques sur des points précis où la notion de « masses cachées » rencontre des difficultés. Son appréciation finale de la mécanique de Hertz est qu'elle demeure à l'état programmatique.

Dans sa discussion critique des conceptions de Hertz, Boltzmann saisit l'occasion de préciser ses propres vues sur la théorie de l'image et, par incidence directe, sur les méthodes de la mécanique ; incidence directe, car dans ces passages, les expressions « méthodes » et « modes de présentation » se recouvrent.

Convenons donc que la tâche du théoricien est de construire des images qui ne sont que de pures images mentales [*Vorstellungsbilder*], internes à notre représentation. Avec cette tâche en tête, on peut alors choisir d'opérer dès l'origine exclusivement à l'aide d'abstractions. On s'efforce uniquement de développer ces simples images mentales de la façon la plus claire et d'en tirer toutes les conséquences possibles au niveau des faits. Les modèles théoriques sont développés dans leur plus grande abstraction et généralité possibles où ne prévaut essentiellement que l'exigence de clarté et de consistance des images. Boltzmann qualifie cette méthode de déductive, et il range Hertz parmi ses plus dignes représentants. Il reconnaît au mode de présentation déductif de la théorie le grand avantage de ne pas se préoccuper prématurément de l'adéquation empirique, un commerce précoce avec les faits d'expérience risquant de porter atteinte à la clarté et d'entraver la consistance de l'invention. Par ailleurs, une telle méthode introduit des constructions conceptuelles dont la nécessité n'apparaît pas au départ et dont la légitimité n'apparaît qu'après coup, lors de la confrontation de leurs conséquences avec les faits. Cette méthode est donc sujette à l'incorporation de plusieurs éléments arbitraires à l'image. En termes hertziens, de telles images sont méritoires en regard du critère d'admissibilité logique, mais elles sont désavantagées en regard du précepte d'adéquation pragmatique, lequel, outre celui de contenir le plus possible d'*essentiel* (c'est-à-dire l'observable dont la théorie doit répondre), comporte aussi celui de contenir le moins possible d'arbitraire (qui est le dû de notre mode de représentation) :

> En revanche, le caractère arbitraire des images [dans l'exposé déductif] ressort d'autant plus vivement que l'on commence par des constructions mentales entièrement libres, dont on ne justifie pas la nécessité à l'origine, se bornant à vérifier celle-ci après coup. Il n'y a pas l'ombre d'une démonstration qu'il aurait été impossible de construire d'autres images qui soient également vérifiées par les faits dans leurs conséquences. Cela semble être un défaut, mais c'est peut-être justement l'avantage de cette méthode, du moins aux yeux de ceux qui partagent l'avis exprimé plus haut quant à la nature de toute théorie. Au contraire, un défaut réel de la méthode déductive réside en ce qu'elle ne laisse pas voir le chemin par lequel on a déniché l'image en question[47].

Cette critique de Boltzmann s'appuie en fin de compte sur l'idée (omniprésente au XIXe siècle) que toute explication est historique, ou génétique. Boltzmann ne manque pas de faire allusion aux difficultés d'ordre pédagogique que comportent les expositions déductives de la théorie.

À cette méthode s'oppose la méthode inductive, utilisée par les expositions courantes de la mécanique. Mais celles-ci y mélangent la méthode déductive, de sorte que dans l'opinion de Boltzmann, un exposé purement inductif de la mécanique demeure encore à l'état de programme. Une telle méthode part immédiatement des faits d'expérience et n'introduit chaque élément abstrait que lorsqu'il devient impossible de s'en passer, laissant ainsi reconnaître le chemin qui nous y a conduits. Les exigences de clarté et de consistance ne sont pas délaissées, requérant plutôt une vigilance et un labeur accrus. Le processus implique une idéalisation et une généralisation de l'expérience, de sorte que, des faits directement observés qui tenaient initialement lieu d'expérience, l'image passe progressivement à des faits qui ne sont pas entièrement précis, à des processus qui ne sont empiriquement réalisés que de façon approximative. Si l'on reprend les termes de Hertz, les images gagnées par voie inductive sont avantagées sur le plan de l'adéquation pragmatique, mais sujettes à comporter des failles sur le plan de l'admissibilité logique. Boltzmann rappelle qu'il a lui-même tenté une exposition déductive (une présentation axiomatique) de la mécanique dans ses *Cours* de 1897, qui soit cependant plus étroitement reliée aux formulations traditionnelles. Mais il admet que l'image hertzienne lui est supérieure sur le plan logique :

> Les principes de la mécanique établis par Hertz sont d'une extraordinaire simplicité et beauté. Ils ne sont naturellement pas tout à fait exempts

d'arbitraire, mais l'arbitraire y est réduit au minimum. L'image que Hertz construit indépendamment de l'expérience possède une certaine perfection interne et une évidence et elle ne contient vraiment que peu d'éléments arbitraires. Comparativement, mon image est évidemment inférieure, car elle contient beaucoup plus de traits qui portent la marque de n'avoir pas été définis par nécessité interne, mais d'avoir simplement été introduits pour rendre possible plus tard l'accord avec l'expérience[48].

Boltzmann entend cependant modifier l'importance relative des critères formulés par Hertz dans l'évaluation des images scientifiques. C'est dans ce contexte que Boltzmann exprime ses conceptions naturalistes de la connaissance et son interprétation évolutionniste des lois de la logique :

Hertz a été expressément clair sur ce point dans son célèbre ouvrage sur les principes de la mécanique, sauf qu'il y pose l'exigence première que les images que nous nous faisons de la réalité obéissent aux lois de la pensée. J'aimerais exprimer certaines réserves sur ce point ou à tout le moins apporter certaines clarifications. Dans la construction de nos images contribuent certes un bon nombre de lois de la pensée ; sans elles, l'expérience serait bien inutile, car nous ne pourrions la fixer au moyen d'images intérieures. Ces lois de la pensée sont presque toutes sans exception innées, mais elles sont néanmoins passibles de modification par notre éducation, nos études et notre propre expérience. [..] Il y a certes des lois de la pensée qui se sont confirmées sans aucune exception, d'une manière telle que nous leur accordons une confiance absolue, les considérons comme des principes aprioriques immuables de la pensée. Mais je crois néanmoins qu'ils ne sont que le produit d'une évolution lente. Leur source première a été constituée par des expériences primitives de l'humanité dans l'état originaire, ils ont été renforcés et clarifiés peu à peu à travers des expériences compliquées, jusqu'à ce qu'enfin ils acquièrent leur formulation actuelle précise ; mais je ne voudrais pas reconnaître les lois de la pensée comme des juges absolument suprêmes. Nous ne pouvons pas savoir s'ils ne subiront tout de même pas encore une modification ou une autre[49].

Ses conceptions psychologistes des fondements de la logique conduisent Boltzmann à refuser aux lois de la pensée le statut d'*a priori* au sens de Kant :

Qu'en est-il maintenant de ce qu'on appelle en logique les « lois de la pensée » ? Eh bien ces lois de la pensée ne sont, selon Darwin, rien d'autre que des habitudes héréditaires de pensée.

> [...] Il est vrai que si nous n'arrivions pas munis de ces lois de la pensée, toute connaissance cesserait, et il n'y aurait aucun rapport entre nos perceptions [...].
>
> On peut qualifier ces lois de la pensée d'*a priori* parce qu'ils font partie du patrimoine inné de l'individu, formé de l'expérience qu'a accumulée la race sur des milliers d'années. Il semble toutefois que Kant ait commis une gaffe logique en en concluant qu'elles sont infaillibles[50].

Ces lois héritées d'un processus d'évolution humaine si lent que nous les tenons pour immuables, sont tellement ancrées dans nos habitudes de pensée que nous y tenons même lorsqu'elles cessent de s'appliquer. Elles peuvent néanmoins évoluer et ne sauraient constituer l'instance *idealiter* à laquelle nos pensées (nos images) doivent se rapporter. Le critère d'adéquation logique perd le statut prioritaire que lui accordait Hertz. Étant, sur le plan épistémologique, foncièrement tout aussi empiriques que les lois de la théorie physique, les lois de la logique deviennent donc incluses dans ce qui, globalement, subit le test empirique de savoir si l'image est juste ou exacte. Si la question de l'adéquation logique se résorbe dans celle de l'adéquation empirique, la sous-détermination empirique de la théorie entière exige cependant que l'on conserve le critère d'adéquation pragmatique, celui d'avoir l'image la plus complète et la plus simple possible :

> Je voudrais donc modifier l'exigence formulée par Hertz en ce sens que, dans la mesure où nous possédons des lois de la pensée (dont nous avons reconnu la justesse indubitable en ce qu'elles sont constamment confirmées par l'expérience), nous pouvons en premier lieu soumettre à l'épreuve de ces lois l'exactitude de nos images. Mais la seule et ultime décision quant à l'adéquation de ces images résidera dans le fait que celles-ci représentent l'expérience de la façon la plus simple et la plus adéquate, et cela nous donnera en retour une preuve de l'exactitude des lois de la pensée[51].

Boltzmann inverse donc l'ordre d'importance des critères formulés par Hertz : l'adéquation pragmatique est l'instance première de l'évaluation de nos images. Comme le remarque Salvo d'Agostino, le critère d'adéquation logique demeure important, mais il n'a pas à être préféré en soi aux autres : la structure logique de l'image ne possède plus cette valeur intrinsèque et n'exerce plus ce rôle régulateur que lui octroyait le kantien Hertz[52].

Le point de départ de cette entière discussion était des considérations sur la tâche de la science et son incidence sur la théorie de l'image ; le point d'arrivée en est que « notre tâche ne peut pas être de citer le donné devant le tribunal de nos lois de la pensée, mais bien plus au contraire d'adapter nos idées, nos représentations et nos concepts au donné[53] ». De tels propos indiquent l'affinité profonde de l'épistémologie de Boltzmann avec celle de Mach. Les racines darwiniennes de sa philosophie sont encore plus profondes. Nous avons vu le rôle primordial que l'explication et le mécanisme jouent dans ses conceptions de base. Celles-ci sont reliées à ses convictions de la justesse du darwinisme, dont la philosophie devrait apprendre :

> À mon avis, le salut de la philosophie ne peut venir que de la théorie de Darwin. Aussi longtemps que l'on croit à un esprit qui a la particularité de pouvoir connaître les objets sans aucun moyen mécanique, à une volonté qui a la particularité, elle aussi, de vouloir ce qui est notre bien sans l'aide de moyens mécaniques, on est incapable d'expliquer les phénomènes psychologiques les plus simples.
>
> On n'aura une vision claire des faits de psychologie que lorsqu'on aura pris conscience du fait que l'esprit et la volonté ne sont pas un quelque chose qui existe à l'extérieur du corps, qu'ils sont plutôt des effets compliqués de particules de matière dont l'efficacité se perfectionne au cours de l'évolution ; lorsqu'on aura compris que la représentation, la volonté et la conscience de soi ne sont que l'échelon supérieur d'un processus d'évolution de ces forces physico-chimiques de la matière qui ont d'abord permis aux premières cellules protoplasmiques de se diriger vers des endroits qui leur étaient favorables et d'éviter ceux qui leur étaient défavorables[54].

Voyons enfin les conséquences tirées par Boltzmann des modifications qu'il apporte à la théorie de l'image sur la notion de vérité, puisque c'est là un thème par lequel nous avons entamé notre exposé de la tradition des savants-philosophes. Immédiatement après avoir proposé ses modifications, Boltzmann énonce qu'une représentation de la nature sera considérée comme fausse, si elle n'est pas conforme à certains faits (critère empirique), ou s'il existe des images manifestement plus simples capables de représenter les faits (critère pragmatique) et surtout si elle contredit des lois de la pensée généralement confirmées. La sous-détermination empirique des théories nous interdit de parler de vérité autrement qu'en termes de vérité relative et de différentes façons de construire une image de la nature :

> La science ne porte plus ainsi la marque de l'unité. Et pourtant nous nous raccrochons à la croyance qu'il ne peut y avoir qu'une seule vérité, et qui si les erreurs sont multiples, la vérité est une. Cette opinion doit être combattue selon notre point de vue actuel [...][55].

Ces considérations sur la nature pragmatique et sur la relativité de la vérité scientifique seront enrichies par une réflexion poussée sur le rôle des conventions en science.

NOTES DU CHAPITRE 2

1. Helmholtz, H. von, 1847 (1869), 58-59.
2. *Ibid.*, 62.
3. Rey, A., 1907, 18-19.
4. Rey, A., 1907, 22-23.
5. Rey, A., 1907, 19-20.
6. Voir Emil Du Bois-Reymond, « Über die Grenzen des Naturerkennens » (1872), in *id.*, *Reden von Emil du Bois-Reymond in zwei Bänden*, vol. 1, 2e éd. augm., éd. Estelle du Bois-Reymond, Leipzig, von Weit, 1912, 441-473.
7. Kirchhoff, G., 1874, ii. C'est de ce passage que Ludwig Boltzmann dira plus tard : « Et voilà comment d'une seule page imprimée, Kirchhoff bannit les forces de la nature » (Boltzmann, L., 1899a, 134).
8. Voir Freuler, L., 1995.
9. Rey, A., 1907, 101.
10. Reichenbach, H., 1951, 207. Du reste, cet ouvrage est très instructif de la critique adressée à l'histoire de philosophie traditionnelle par l'empirisme logique.
11. On pourrait noter plusieurs exceptions. Il y eut une tradition kantienne en Autriche menant à Robert Reininger. Les conceptions de Mach, même si elles n'eurent pas l'écho de celles d'un Boltzmann à Berlin, trouvèrent des adeptes en Allemagne en Josef Petzoldt, Wilhelm Ostwald, Ernst Haeckel (le fondateur de l'*Union allemande des Monistes*), influençant même les néo-kantiens Hans Vaihinger et Alois Riehl. Elles pénétrèrent également les milieux artistiques et littéraires. Mach fut en correspondance avec le jeune journaliste et philosophe Fritz Mauthner (*Cf.* Rudolf Haller et Friedrich Stadler, *Ernst Mach – Werk und Wirkung*, Vienne, 1988, 229-243). Robert Musil écrivit une thèse de doctorat sur l'épistémologie de Mach. Comme plusieurs des intellectuels viennois de son temps, Musil portait beaucoup d'intérêt aux thèmes des limites du langage quant au discours moral, ainsi qu'à la scission entre le langage et la réalité. Ce sont ces mêmes intérêts qui le motivèrent à entreprendre l'exégèse des idées de Mach dans le contexte d'une thèse de doctorat auprès du philosophe et psychologue Carl Stumpf à Berlin (Voir Robert Musil, *Zur Beurteilung der Lehren Machs*, Berlin, Dissertationsverlag Carl Arnold, 1908 ; réimpr. *Beitrag zur Beurteilung der Lehren Machs und Studien zur Technik und Psychotechnik*, Reinbek bei Hamburg, Rowohlt, 1980 ; tr. part. M.-F. Demet, *Pour une évaluation des doctrines de Mach*, Paris, PUF, 1985). On retrouvera dans *L'Homme sans qualités* des variations sur la conception machienne du moi, sur le monisme psychophysique et sur l'économie de la pensée en tant que principe structurel de fonctionnalité.
12. Voir Mach, E., 1868. L'article fut d'abord envoyé aux *Annalen der Physik* (de Pöggendorf) et fut refusé.

13. Sur les notions d'espace et de temps chez Newton et Mach, voir Popper, K., 1953. La critique de Newton par Mach sur l'espace et le temps est déjà pressentie chez Berkeley.

14. Voir Frank, P., 1957, 111-121.

15. Voir Mach, E., 1883, chap. II, sections 6 et 7.

16. Le physicien anglais J. J. Thompson (*Recent Researches in Electricity and Magnetism* (1893), cité par Frank, P., 1957, 115) devait bientôt déduire de la théorie du champ électromagnétique de Maxwell le fait que des points de masse doivent se comporter comme des particules possédant une charge électrique. L'étude du mouvement de telles particules indique qu'on ne peut utiliser la forme $m = f / a$ comme définition de la masse. En effet, lorsque les forces électrostatiques agissent dans la même direction que leur vélocité, les particules à haute vitesse indiquent des accélérations sensiblement inférieures à celles de particules lentes dans le même champ électrostatique.

17. Voir Frank, P., 1957, 109-110.

18. Gauthier, Y., 2005, 51.

19. Voir Mach, E., 1872.

20. Mach fait référence à Kirchhoff, G., 1874 et Helmholtz, H. von, 1878a.

21. Mach. E., 1883, 254, 256, 257-258.

22. *Ibid.*, 253.

23. Voir Richard Avenarius, *Philosophie als Denken der Welt gemäß dem Prinzip des kleinstens Kraftmaßes*, Fues (Reisland), Leipzig, 1876.

24. Voir Richard Avenarius, *Prolegomena zu einer Kritik der reinen Erfahrung*, Leipzig, 1876 ; *Kritik der reinen Erfahrung*, 2 vol., Leipzig, 1888-90 ; réimpr. Hildesheim, Olms, 2004 ; Vladimir I. Lénine, *Matérialisme et empirio-criticisme* (1908), Moscou, Éditions du Progrès, 1970. Dans son essai hautement idéologique, Lénine s'en prend particulièrement à Helmholtz et à Mach, qu'il éreinte en tant qu'ennemis du matérialisme. Cet ouvrage eut des effets très négatifs sur la réception de Mach et, par association, sur celle du Cercle de Vienne en Union Soviétique (voir W. F. Boeselager, *The Soviet Critique of Neopositivism*, Dordrecht, Reidel, 1975).

25. Voir Helmholtz, H. von, 1863.

26. Ludwig Boltzmann adopta également les positions monistes de Mach en psychologie. Tout aussi féru de darwinisme, il développa une épistémologie évolutionniste sans pourtant accepter le descriptivisme de Mach.

27. Mach, E., 1905, 9.

28. Blackmore, J., 1992 contient une excellente bibliographie d'anthologies, ouvrages et articles sur Mach.

29. Voir Ostwld, W., 1895.

30. L'Édition des *Principes de la philosophie de la nature* de Ludwig Boltzmann en 1990, qui traite de cette période, est discutée par Jacques Bouveresse, « La philosophie naturelle de Boltzmann », *Philosophia Scientiae*, 3, 1999, 9-30. Bouveresse écrit sobrement en première note de bas de page : « Même s'il est certain que l'impression de voir la théorie atomique, pour laquelle il avait combattu toute sa vie, menacée d'être supplantée définitivement par sa rivale énergétiste a contribué à aggraver dans les dernières années la dépression de Boltzmann, la légende encore très répandue qui veut que son suicide, en 1906, ait été provoqué essentiellement par les « répercussions » dont il aurait été victime de la part des représentants de l'école énergétique peut difficilement être prise au sérieux ». Pour cette même période de Boltzmann à Vienne, on consultera également Blackmore, J., 1995a, 1995b.

31. Karl Pearson, *The Grammar of Science*, 1892, 2ᵉ éd., 1900, 3ᵉ éd., 1911 ; New York, Meridian Books, 1957, xiv.

32. *Ibid.*, xi.

33. Wesley Salmon, *Causality and Explanation*, New York, Oxford University Press, 1998, x.

34. Boltzmann, L., 1899b, 160, cité par Dugas, R, 1959, 32.

35. Boltzmann, L., 1900-02, 195 ; 1987, 67 (traduction remaniée).

36. Boltzmann, L., 1900-02, 196-197.

37. Le terme de *phénoménologie* ne doit pas prêter à confusion avec la phénoménologie husserlienne. Ce terme est utilisé par Kirchhoff lui-même et se trouve encore parfaitement justifié, puisque l'on parle effectivement en physique d'équations et de lois « phénoménologiques » pour désigner des équations et des lois à vocation purement descriptive.

38. Duhem, P., 1906 (1981), 112-115. Citons pour l'amusement du lecteur la caricature que Duhem fait de la mentalité anglaise : « L'emploi de semblables modèles mécaniques, rappelant, par certaines analogies plus ou moins grossières, les particularités de la théorie qu'il s'agit d'exposer, est constant dans les traités de Physique anglais ; les uns en font seulement un usage modéré ; d'autres, au contraire, font appel à chaque instant à ces représentations mécaniques. Voici un livre destiné à exposer les théories modernes de l'électricité, à exposer une théorie nouvelle ; il n'y est question que de cordes qui se meuvent sur des poulies, qui s'enroulent autour de tambours, qui traversent des perles, qui portent des poids ; de tubes qui pompent de l'eau, d'autres qui s'enflent et se contractent ; de roues dentées qui engrènent les unes dans les autres, qui entraînent des crémaillères ; nous pensions entrer dans la demeure paisible et soigneusement ordonnée de la raison déductive ; nous nous trouvons dans une usine » (p. 101).

39. Boltzmann, L., 1890, 55.

40. Nadine de Courtenay, « Science et philosophie chez Ludwig Boltzmann. La liberté des images par les signes », thèse de doctorat (avril 1999, Paris IV) dont Yves Gingras (CIRST à l'UQAM) m'a gracieusement transmis le manuscrit. Je cite la page 22 du ms.

41. Voir Boltzmann, L., 1990, 111.
42. Boltzmann, L., 1899b, 160-161.
43. « Nochmals über die Atomistik » (1897), in Boltzmann, L., 1905 (1979), 1e éd., 158-161, 160, cité par Dugas, R. 1959, 26.
44. Boltzmann rend d'abord hommage à son compatriote dont les *Principes de la théorie de la chaleur* (1896) ont substantiellement contribué à la clarification de ses propres vues.
45. Boltzmann, L., 1897b, 79-80.
46. *Ibid.*, 81. Mais il n'est pas question d'accorder une portée ontologique aux hypothèses respectives : « La question de savoir si la matière consiste d'atomes ou si elle forme un continu se réduit à celle, beaucoup plus claire, de savoir laquelle des deux images, celle d'un nombre énorme d'individus ou celle du continu, est apte à fournir la meilleure image des phénomènes. » – Boltzmann, L., 1899a, 138.
47. Boltzmann, 1899b, 165-166.
48. In Boltzmann, L., 1899b. Le passage n'apparaît pas dans l'édition des *Populäre Schriften* de 1979, qui ne reproduit le texte qu'en partie. Le passage est cependant cité de la 1e éd. par Dugas, R., 1959, 40. Nous utilisons la version anglaise de Boltzmann, L., 1974, 101-128, 111.
49. Boltzmann, 1899b, 104-105.
50. Boltzmann, L., 1905, 252-253.
51. Boltzmann, L., 1899b, 105.
52. D'Agostino, S., 1993, 91. L'article mentionne aussi brièvement l'épineuse question du holisme chez Boltzmann.
53. Boltzmann, L., 1904, 215. Dans sa philosophie tardive, Boltzmann ne renie pas Helmholtz. Quelques lignes plus loin, il écrit : « Le caractère nomologique des processus naturels est la condition fondamentale de toute connaissance ».
54. Boltzmann, L., 1905, 251.
55. Boltzmann, L., 1899b, 106.

Chapitre 3

LE CONVENTIONNALISME

De façon succincte, le conventionnalisme met l'accent sur le rôle primordial des conventions en science, autant dans la construction des théories que dans leur mise à l'épreuve empirique. Par rapport aux deux grands motifs épistémologiques traditionnels que sont l'empirisme et le rationalisme, le conventionnalisme peut aisément loger dans l'un ou l'autre des camps. Il peut faire bon ménage avec l'empirisme, en l'enrichissant d'une teneur pragmatique qui le protège de toute forme de positivisme naïf ; mais il sied tout aussi bien au rationalisme, dans la mesure où le bien-fondé des conventions peut tout aussi bien être recherché dans leur caractère rationnel que dans leur efficacité. Parmi les différents types de conventionnalisme qu'il importe de distinguer, nous en retiendrons deux, aptes à caractériser les points de vue respectifs de Poincaré et Duhem. Le premier est le *conventionnalisme sémantique*, qui se préoccupe expressément de l'impact des conventions sur la structure conceptuelle des théories scientifiques. Le second est le *conventionnalisme méthodologique*, qui tire profit de la place que la structure logique des théories scientifiques laisse aux conventions d'ordre extra logique.

Poincaré

Henri Poincaré (1854-1912) est au cœur d'une tradition mathématique du XIXe siècle qu'on peut faire remonter à Évariste Galois, initiateur de la théorie des groupes. Cette approche, qui met à profit les notions de *transformation* et d'*invariance préservée par des transformations*, fut presque envahissante dans les investigations qui menèrent à l'éclosion de la géométrie moderne. Elle pénétra aussi plusieurs autres domaines de la mathématique et de la physique mathématique, notamment en mécanique et dans l'électromagnétisme de Maxwell. Au début du XXe siècle, elle imprégna de façon définitive le cadre conceptuel naissant de la relativité et de la mécanique quantique.

Les conceptions de Poincaré en philosophie des sciences prirent forme dans ses études sur les fondements de la géométrie. Sur un plan général, elles ont la double caractéristique de véhiculer une forme d'apriorisme kantien et de réalisme structuraliste. Bien que son nom soit associé à des thèses conventionnalistes fortes qu'il développa indépendamment de son contemporain Duhem, Poincaré lui-même n'a jamais utilisé le terme « conventionnalisme », au sens où l'on voudrait dénoter par là une approche épistémologique à part entière. Comme l'ont remarqué certains, dont Giedymin et Atten, Poincaré a eu un souci constant de continuité entre l'ancien et le nouveau en science[1]. Or, précisément, l'emphase sur le rôle des conventions en science offre, de façon générale, la possibilité d'atténuer les forts moments de discontinuité que peut connaître l'histoire des sciences. Le conventionnalisme de Hertz, qui était justement un conventionnalisme d'ordre sémantique, en avait donné le parfait exemple. Si, comme ses arguments tentaient de le démontrer, la notion de force inhérente à l'image mécanique n'était qu'une notion auxiliaire, un simple artifice de calcul, une « roue tournant à vide » au-dessus du sol des mesures de points de masse, et si on pouvait en faire l'économie parmi les notions primitives de la mécanique, alors une entrave conceptuelle centrale était levée à une éventuelle intégration à la mécanique de l'électrodynamique de Maxwell. Cette dernière, pure théorie du champ, ne pouvait s'intégrer que dans une mécanique exempte de la notion de force, et plus particulièrement celle de force à distance[2]. Hertz n'avait pas l'intention de révolutionner la physique, mais plutôt de faire place à la continuité en science en une époque où l'unification de l'électromagnétisme et de la gravitation allait devenir le point focal des préoccupations. Poincaré était soucieux de continuité, certes, mais non au prix de l'adoption d'un empirisme conservateur. Son conventionnalisme ne peut aucunement être identifié à une simple forme d'instrumentalisme, c'est-à-dire la considération des théories scientifiques comme simples instruments de prédiction et guides d'action sur le monde phénoménal. Ces composantes pragmatiques sont certes présentes dans les vues de Poincaré sur la science. Cependant, il est de ceux qui sont entrés de plain-pied dans la physique mathématique, au sens où les mathématiques se voient octroyées non pas un simple rôle instrumental (qui inclurait celui de l'économie de la pensée), mais bien une fonction constitutive dans le processus de conceptualisation et de cognition scientifique du monde.

Les réflexions de Poincaré sur les fondements de la géométrie portent un éclairage assez précis sur la forme de conventionnalisme qu'il défend. Donnons d'abord un bref aperçu de la situation engendrée par l'apparition des géométries non euclidiennes souvent commentées par Poincaré. Dans ses *Éléments*, Euclide d'Alexandrie (365-300 av. J.-C.) avait formulé une théorie de l'espace ou géométrie sous forme axiomatique, où des théorèmes y étaient démontrés sur la base d'axiomes (non démontrés) :

- *A*1 : Il est possible de tracer une droite d'un point à un autre.
- *A*2 : Il est possible de prolonger un segment de droite fini en une droite (indéfinie).
- *A*3 : Il est possible de décrire un cercle de centre et de rayon arbitraires.
- *A*4 : Tous les angles droits sont égaux.
- *A*5 : Si une droite tombant sur deux droites fait que les angles intérieurs du même côté sont plus petits que deux angles droits, les deux droites, prolongées indéfiniment, se rencontrent sur le côté où les angles sont plus petits que deux angles droits[3].

Le cinquième axiome paraissant aller moins de soi que les quatre premiers, on avait tenté de voir s'il n'était pas dérivable de ceux-ci. Introduisant une notation que nous utiliserons ultérieurement et notant par $\alpha \vdash \beta$ la dérivation d'une forme β sur la base de α, on peut alors formuler la question ainsi : si $\{A1, A2, A3, A4\} \vdash A5$, alors *A*5 est non pas un axiome indépendant, mais un théorème de {*A*1, *A*2, *A*3, *A*4}[4]. On ne parvint pas à déduire le cinquième axiome des quatre premiers ; par ailleurs, on s'aperçut que d'autres axiomes *A*5' étaient équivalents à *A*5 au sens où, ajoutés à {*A*1, *A*2, *A*3, *A*4}, ils permettaient d'établir exactement les mêmes théorèmes. Parmi les formulations *A*5' équivalentes de *A*5, mentionnons :

- Soient deux droites parallèles ; si une droite coupe l'une, elle coupe l'autre (Proclus).
- La somme des angles intérieurs d'un triangle est égale à deux droits (Saccheri).
- Une droite passant par un point intérieur à un angle non plat coupe au moins un des côtés de l'angle (Legendre).
- Par un point situé à l'extérieur d'une droite, on ne peut mener qu'une seule parallèle à cette droite (Playfair).

L'importance du cinquième axiome devint de plus en plus manifeste et la base de l'interprétation moderne des axiomes géométriques (et des systèmes axiomatiques en général) fut posée lorsque Gauss (1777-1855), Lobatchevsky (1792-1856) et Bolyai (1802-1850) construisirent indépendamment des géométries (sphérique et hyperbolique) dans lesquelles cet axiome n'était pas valable.

Euclide était parvenu à déduire de {*A*1, *A*2, *A*3, *A*4} le résultat que si la somme des angles tels qu'illustrés ci-dessous est égale à deux droits, alors les droites sont parallèles. C'est dire si *l* est une droite et *x* est un point qui n'est pas sur *l*, alors il y a au moins une droite qui est parallèle à *l*. Mais y en a-t-il plus qu'une ? C'est par rapport à cette question que se situent les différentes géométries conçues comme extensions de la géométrie absolue :

- Géométrie absolue : {*A*1, *A*2, *A*3, *A*4} ;
- Géométrie euclidienne : { *A*1, *A*2, *A*3, *A*4, *A*5} ;
- Géométrie hyperbolique : { *A*1, *A*2, *A*3, *A*4, ¬*A*5'} ;

  ¬*A*5' : Par un point donné non situé sur une droite donnée il passe au moins deux droites qui ne coupent pas la droite donnée (développée par Gauss, Lobatchevsky et Bolyai).

- Géométrie sphérique : { *A*1, *A*2, *A*3, *A*4, ¬*A*5''} ;

  ¬*A*5'' : Il n'y a aucune droite parallèle à une autre droite (développée par Riemann).

– Géométrie elliptique : { *A*1, *A*2', *A*3, *A*4, ¬*A*5''} ;

*A*2' : Deux droites doivent toujours se couper (à un seul endroit).

¬*A*5'' : Il n'y a aucune droite parallèle à une autre droite. (La géométrie elliptique est, pour l'essentiel, identique à la géométrie sphérique).

L'apparition des géométries non euclidiennes marqua le début de la métamathématique : l'étude des propriétés des systèmes axiomatiques (dont la consistance). On s'aperçut que ces géométries non euclidiennes {*A*1, *A*2, *A*3, *A*4, ¬*A*5} étaient tout aussi consistantes que la géométrie euclidienne {*A*1, *A*2, *A*3, *A*4, *A*5} .

Eugenio Beltrami (1868) construisit un modèle euclidien de la géométrie hyperbolique. On trouva également un modèle euclidien aux géométries sphérique et elliptique. Lorsqu'on dit qu'une géométrie a un modèle euclidien, on entend par là qu'il y a moyen d'interpréter les termes primitifs de cette géométrie de telle façon que les lois de cette géométrie redonnent les lois de la géométrie euclidienne. En d'autres mots, on peut trouver des interprétations (Poincaré : des « traductions ») euclidiennes aux axiomes de Lobatchevsky et de Riemann. C'est dire que ces géométries sont consistantes si la géométrie euclidienne l'est[5]. Est-ce que cela revient à dire que l'une est aussi vraie que l'autre ? Si l'on veut. On peut aussi considérer ces systèmes axiomatiques comme de purs systèmes formels abstraits et faire abstraction de l'interprétation visée de ces formalismes. La notion sémantique de la vérité ne s'applique alors plus à ces systèmes ; ne demeurent comme questions intéressantes que celles, d'ordre syntaxique, de savoir si l'on peut démontrer certaines formules (non interprétées) sur la base de certaines autres (qui peuvent être des axiomes, également non interprétés). Bref, la géométrie se dissout en une discipline purement formelle qui appartient à ce domaine de la métamathématique qui porte pour nom *théorie de la démonstration*. Dans ce contexte, mentionnons les travaux séminaux de David Hilbert, dont les *Fondements de la géométrie* (1899) constituent le point culminant de ces recherches formelles.

Nous sommes ainsi à même d'aborder divers aspects des conceptions de Poincaré sur la géométrie. Notons en premier lieu le rapport à Kant. La *Critique de la raison pure* avait notoirement mis en jeu deux couples d'outils conceptuels servant à l'analyse épistémologique : d'une part l'*analytique* et le *synthétique*, qui était une distinction d'ordre sémantique se rapportant à la connotation des termes qui constituent un jugement, et d'autre part l'*a priori* et l'*a posteriori,* distinction d'ordre épistémique concernant les sources d'une connaissance exprimée dans un jugement. La notion d'analyticité entendait recouvrir ce qui serait plus tard précisé comme vérité de langage (« vrai en vertu de la signification des termes »), alors qu'une vérité synthétique ne pouvait provenir d'une simple explication des termes. Kant utilisait souvent « connaissance pure » et « connaissance *a priori* » de façon synonyme, alors que l'*a posteriori* dénotait le recours à l'expérience soit dans l'obtention, soit dans la vérification d'une connaissance. Dans l'espace logique constitué par cette double dichotomie, Kant tenait la catégorie épistémologique de l'*analytique a posteriori* pour absurde, connotant un recours à l'expérience pour fonder un jugement dont la vérité repose sur le sens des mots.

Si tous les jugements analytiques sont *a priori*, on peut inférer, par contraposition, que tous les jugements *a posteriori* sont synthétiques ; mais on ne peut validement inférer que tous les jugements *a priori* sont analytiques, ou que tous les jugements synthétiques sont *a posteriori*. L'espace logique induit par la double distinction kantienne permettait donc l'existence de jugements synthétiques *a priori*. De tels jugements étaient pour Kant non seulement une possibilité logique, mais un fait de la science de son temps. Plus encore, que cette possibilité sur le plan logique soit un fait sur le plan épistémologique expliquait la possibilité même de la science. Ce fait exigeait cependant qu'on élabore une théorie qui puisse en fournir une explication, car l'existence effective en science de tels jugements (en fait, ils apparaissaient au niveau des principes) signifiait la possibilité d'accroître la connaissance (étant synthétiques et donc « extensifs ») sans avoir recours à l'expérience (étant *a priori*).

Kant donnait à sa théorie de la connaissance le nom de logique transcendantale. La logique était déjà perçue comme étant foncièrement, selon les termes de Kant, un discipline « analytique », mais elle était également considérée comme éminemment stérile en ce qui touche tout véritable gain de connaissances au niveau des contenus. Purement formelle, elle était cependant instructive sur la forme que peuvent prendre les notions, les jugements et les raisonnements. Quant aux gains de connaissance provenant d'une véritable synthèse de représentations, l'empirisme d'un Hume les considérait comme uniquement basés sur le fait que ces représentations se donnent dans l'expérience. La logique transcendantale de Kant devait cependant dégager trois domaines où notre connaissance repose sur des jugements purs, mais extensifs : la mathématique, la géométrie et les lois fondamentales de la mécanique newtonienne, foncièrement conçues comme connaissances du temps, de l'espace, et des variations spatiales de la matière dans le temps. Kant concevait la mathématique (ou sa théorie fondamentale, l'arithmétique) et la géométrie comme originairement liées à notre intuition, et non à notre conceptualisation des choses. Sur le plan interne de notre sensibilité aux objets, l'ordre unidimensionnel de la succession temporelle de nos représentations était la source de notre théorie arithmétique (on pense ici à l'ordre séquentiel des nombres), alors que sur le plan du sens externe, l'ordre tridimensionnel de la spatialisation de nos représentations était à l'origine de notre théorie géométrique. L'agencement spatio-temporel de nos représentations n'est donc pas tributaire de l'ordre des choses ; il relève plutôt de la structure du sujet connaissant. De la même façon qu'il y aurait un bris de catégorie logique à dire d'une maison qu'elle est grande, jolie et existante (l'existence n'étant pas, pour Kant, un prédicat), il y aurait bris de catégorie épistémique à dire qu'elle est grande, jolie et dans l'espace (ou dans le temps). Nos représentations de l'espace qu'incorporent les principes de la géométrie sont *a priori* en tant que faits de structuration cognitive, et elles sont synthétiques sur le plan des contenus cognitifs dans la mesure où, en tant que « formes formantes », elles rendent ces contenus possibles.

Poincaré insistera sur le fait que les axiomes de la géométrie représentent de véritables connaissances synthétiques au sens de Kant, mais il dira qu'ils ne sont, à proprement parler, ni *a priori* ni *a posteriori*. Notons dès l'abord que la distinction entre géométrie pure et géométrie physique n'est pas tout aussi nette chez Poincaré qu'elle ne le sera plus tard dans les discussions sur les fondements. Contre la première conception, Poincaré argumente dans le sens où si les axiomes de la géométrie étaient *a priori* comme Kant l'entendait, il n'existerait pas une pluralité d'axiomes géométriques possibles :

> Ils s'imposeraient alors à nous avec une telle force, que nous ne pourrions concevoir la proposition contraire, ni bâtir sur elle un édifice théorique. Il n'y aurait pas de géométrie non euclidienne[6].

Les axiomes de la géométrie ne sont pas non plus des jugements *a posteriori*. Car s'ils étaient fondés sur l'expérience, ils seraient l'objet de constantes révisions, et cela n'a jamais été le cas. Non seulement auraient-ils été soumis à une mise à l'épreuve expérimentale, mais ils auraient échoué, car, nous le verrons, ces axiomes acceptent implicitement certains présupposés qui, à strictement parler, ne peuvent être établis de façon empirique. Entre autres, le présupposé de l'existence de corps rigides qui en fait résulte d'une convention et d'une idéalisation à la fois.

> *Les axiomes géométriques ne sont donc ni des jugements synthétiques* à priori *ni des faits expérimentaux.*
>
> Ce sont des *conventions* ; notre choix, parmi toutes les conventions possibles, est *guidé* par des faits expérimentaux ; mais il reste *libre* et n'est limité que par la nécessité d'éviter toute contradiction. C'est ainsi que les postulats peuvent rester *rigoureusement* vrais quand même les lois expérimentales qui ont déterminé leur adoption ne sont qu'approximatives.
>
> En d'autres termes, *les axiomes de la géométrie* (je ne parle pas de ceux de l'arithmétique) *ne sont que des définitions déguisées*[7].

Le prédicat de vérité ne s'applique donc pas plus aux axiomes de la géométrie qu'il ne peut s'appliquer à des définitions (à moins de défendre la théorie scolastique des *définitions réelles*). À l'instar de Kant, qui, on l'a vu plus haut, avait récusé, sinon tourné en ridicule la notion naïve de vérité comme *adequatio rei*, Poincaré se fait ironique, voire cinglant, en ce qui touche la notion de vérité en géométrie :

> *Dès lors, que doit-on penser de cette question : La géométrie euclidienne est-elle vraie ?*
>
> *Elle n'a aucun sens.*
>
> *Autant demander si le système métrique est vrai et les anciennes mesures fausses ; si les coordonnées cartésiennes sont vraies et les coordonnées polaires fausses. Une géométrie ne peut pas être plus vraie qu'une autre ; elle peut seulement être plus commode*[8].

Dans la préface de *La science et l'hypothèse*, Poincaré mentionne trois sortes d'hypothèses rencontrées en science : certaines sont des hypothèses soumises au contrôle expérimental, d'autres sont d'ordre heuristique, et enfin, il y a celles « qui sont des hypothèses qu'en apparence et se réduisent à des définitions ou des conventions déguisées » (p. 24). On les retrouve à divers paliers de la science, apparaissant dans un ordre conçu par Poincaré comme hiérarchique. Les disciplines fondamentales correspondent aux domaines qui sont plus manifestement de libres créations de l'esprit humain. En tout premier lieu : l'arithmétique, qui est basée sur la représentation de la suite infinie des nombres naturels et qui forme en retour la base de l'ensemble des mathématiques. L'arithmétique en retour est fondée sur le principe d'induction complète, qui intervient d'ailleurs dans la définition axiomatique du nombre. De plus, ce même principe, dans la mesure où il est ni réductible à la logique ni vérifiable par l'expérience, et qui n'est pas de nature conventionnelle (sinon nous aurions une pluralité d'arithmétiques comme nous avons une pluralité de géométries), est pour Poincaré un jugement *synthétique a priori*, relevant d'un pouvoir spécifique à l'esprit humain.

Le second palier de la hiérarchie des sciences est ce que Poincaré appelle la « théorie de la grandeur » et qui correspond plus ou moins à la théorie des nombres réels. Cette théorie se fonde sur la notion du continu mathématique qui est une notion *a priori ;* Poincaré illustre comment, dans le processus où l'expérience fournit à l'esprit l'occasion de créer le continu physique, une contradiction apparaît nous forçant à créer, par esprit de rigueur, le continu mathématique. Appelons D ces déplacements qui sont si petits qu'on ne peut pas les distinguer au niveau des sensations. Supposons que nous ne pouvons pas distinguer $9D$ de $10D$, ni $10D$ de $11D$, mais que nous pouvons distinguer $9D$ de $11D$. C'est dire que les sensations nous donnent :

$$9D = 10D,\ 10D = 11D,\ 9D < 11D$$

Voilà le continu physique. Mais ce résultat répugne à la raison. La solution à cet accroc intolérable au principe de non-contradiction réside dans le remplacement des déplacements physiques petits (mais finis) par des déplacements continus qui sont l'objet des groupes de Lie continus, créant en cela le continu mathématique. De même que pour les origines de la géométrie, la notion du continu mathématique unidimensionnel est entièrement créée par l'esprit, bien que l'expérience en soit l'assise. Ainsi, c'est à ce niveau qu'apparaît déjà la notion de groupe (un groupe étant, simplement dit, une structure algébrique de base comportant un domaine donné sur lequel est définie une opération interne comme l'addition ou la multiplication). En effet, la construction du continu mathématique comporte l'introduction d'une relation d'ordre à laquelle on ajoute une opération d'addition nécessitant certaines conventions (elle est par exemple assujettie aux lois de commutativité et d'associativité). Nous avons donc à ce niveau un élément *a priori* (la notion de groupe) auquel s'ajoute des éléments conventionnels.

La notion de continu à trois dimensions (également évoquée par le continu physique) mène à la notion de géométrie lorsqu'on définit sur ce continu tridimensionnel une métrique introduisant la notion de distance. Les géométries (euclidienne comme non euclidiennes) font l'étude des relations d'ordre et des relations métriques ; ainsi, on parle d'un point *x situé entre* deux points *y*, *z* (relation d'ordre), ou d'une *distance x-y* entre *x* et *y* (relation métrique). On peut considérer que la géométrie repose sur la notion de groupe de déplacements dans un continu tridimensionnel.

L'étude des postulats d'Euclide avait mis à jour certains présupposés dont celui de la libre mobilité des figures géométriques dans la définition de l'identité de deux figures sur un plan : entre autres, la définition de l'identité de deux figures en termes de congruence présupposait qu'on puisse les déplacer, et cela, sans les déformer (présupposés de libre mobilité et de l'existence de corps rigides). Ces déplacements comportent les opérations de rotation et de translation. Tout groupe de transformations laisse inchangés ou invariants certains éléments, quantités ou propriétés. Par exemple, un cercle est invariant sous l'opération de rotation autour de son centre, quelle que soit cette rotation ; un carré demeure inchangé seulement sous une rotation de 90°, 180°, 270° ou 360° autour de son centre. Le rectangle, qui est encore moins symétrique (la notion de symétrie est fondée sur celle d'invariance), ne demeure invariant que sous des rotations de 180°, et 360°. On peut considérer que la géométrie euclidienne traite des groupes de transformations préservant les distances. Du point de vue de la théorie des groupes, la géométrie est réductible à l'étude des invariants sous divers groupes de transformations. En ce qui concerne les géométries métriques, Sophus Lie a démontré que la congruence de deux figures géométriques signifie qu'il est possible de les transformer l'une dans l'autre par une certaine transformation de points (translation) dans l'espace. De plus, ce qui fait que la congruence peut définir l'identité dépend du fait que les déplacements de figures géométriques sont donnés par un certain groupe de transformations. Toute géométrie possède un groupe de transformations (son *groupe fondamental*) qui lui est caractéristique et elle traite exactement des propriétés et des relations qui sont invariantes sous ce groupe[9]. Cette idée, qui fut le moteur du « Programme d'Erlangen » de Felix Klein, orienta l'étude systématique des relations qui existent entre les théories de l'espace (géométrie projective, topologie (*analysis situs*), géométrie affine)[10].

Le troisième palier de la hiérarchie des sciences selon Poincaré est constitué par les lois fondamentales de la physique. Ici encore, la notion de groupe opère de façon essentielle. Il y a cependant une façon d'aborder les notions d'invariance et de symétrie qui est plus commode pour la physique : plutôt que d'opérer, par exemple, une rotation sur une figure géométrique et examiner ce qui demeure invariant, on peut poser la question des transformations de cette figure par rapport à deux observateurs dont les systèmes de référence sont en rotation l'un par rapport à l'autre. De même, le déplacement d'un point peut être conçu de façon équivalente comme une transformation qui lui assigne de nouvelles coordonnées dans le même système de référence, ou comme une transformation qui change le système de référence. On conçoit alors aisément comment la théorie des groupes peut s'étendre d'abord à la mécanique puis à l'électrodynamique, avant de constituer une approche éminemment fertile en mécanique quantique. En utilisant le type d'analyse utilisé en géométrie et en posant la question du groupe fondamental de la mécanique newtonienne, on obtient le groupe engendré par composition des déplacements de l'espace, des translations dans le temps et des mouvements rectilignes uniformes, appelé *groupe de Galilée*. Que les lois de la mécanique classique doivent être invariantes sous les transformations galiléennes, voilà une contrainte théorique qui n'est pas fondée sur l'expérience. De même, les lois fondamentales du mouvement de la mécanique newtonienne ne sont pas pour Poincaré de véritables hypothèses empiriques, qui constituent pour lui le quatrième palier de la science. Elles sont plutôt heuristiques, fixant les notions de masse et de force qui permettront la formulation de lois empiriques (contingentes) proprement dites, l'esprit ayant créé des structures formelles suffisamment riches pour les rendre possibles.

Chaque niveau de cette hiérarchie présuppose le précédent. Le niveau des véritables lois empiriques présuppose les lois fondamentales du mouvement qui définissent les notions dynamiques de masse et de force. En mécanique classique des particules, par exemple, la détermination empirique des valeurs des fonctions de masse et de force présuppose la validité de la seconde loi de Newton. En retour, les lois fondamentales de la mécanique présupposent qu'on s'est donné au préalable une géométrie, laquelle se fonde sur les mathématiques.

Cet ordre hiérarchique des sciences, dont on verra plus tard le caractère litigieux, permet à Poincaré de maintenir l'idée kantienne de l'existence de principes d'organisation de l'expérience. Elle indique déjà une réponse structuraliste à la question de savoir comment on en vient à la formulation d'énoncés contingents. L'hypothèse physique est foncièrement conçue comme une hypothèse portant sur la réalisation concrète de structures formelles, mais de telles hypothèses à contenu empirique ne deviennent possibles qu'à l'intérieur d'un processus de structuration où l'esprit détermine d'emblée des structures structurantes. On peut comprendre comment Poincaré, qui sera suivi en cela de toute une tradition française incluant Bachelard, était relativement convaincu de la stérilité relative de la logique comme cadre conceptuel pour la science : il y a peu de sens à parler de la réalisation empirique de structures logiques. Les empiristes logiques n'en seront pas, somme toute, d'un autre avis en ce qui touche aux sciences, sauf qu'ils considéreront la logique comme unique cadre conceptuel appropriée à l'analyse épistémologique des sciences.

Duhem

Tout comme Mach, Pierre Duhem (1861-1916) s'engagea activement dans l'étude de l'histoire des sciences. Michel Paty écrivait à propos de ces deux auteurs :

> Dans le cas de Mach comme dans celui de Duhem, nous avons affaire à des chercheurs qui se veulent avant tout physiciens, et qui, chacun, dans la logique de leur travail en physique, ont développé en parallèle – ou, plutôt, en corrélation – une œuvre scientifique intéressante et une épistémologie originale. Il ne s'agit pas à proprement parler de scientifiques qui seraient devenus épistémologues ou philosophes-historiens des sciences, car ils insistaient pour que leurs recherches critiques soient

> considérées comme partie intégrante de leurs travaux en physique [...]. Par ailleurs, ils ont continué toute leur vie à faire de la physique, même quand la philosophie ou l'histoire des sciences fut devenue leur occupation principale[11].

Duhem travailla à établir la thermodynamique sur des principes qui lui soient propres. Tôt convaincu qu'il fallait renoncer au mécanisme, son projet central fut d'élaborer une thermodynamique générale qui relaie la mécanique comme théorie fondamentale de la physique. S'opposant aux conceptions atomistes d'un Boltzmann qui puissent étendre les explications mécanistes à la thermodynamique, Duhem faisait partie de ces physiciens auxquels Abel Rey faisait allusion lorsqu'il parlait d'une part, de physiciens qui prônent une *science des principes*, et d'autre part, de ceux qui avaient pour projet de faire de la dynamique un cas particulier de la thermodynamique. La thermodynamique ainsi conçue représentait pour Duhem le modèle même d'une théorie physique, modèle qu'il a exposé de façon systématique dans *La théorie physique* et qu'il a également illustré sur le plan historique[12]. Déjà dans ses « Commentaires aux principes de la thermodynamique », il empruntait la voie d'une unification de la physique au moyen d'une généralisation de la thermodynamique, conceptions qui culminèrent sur son Traité d'énergétique[13]. Le terme *énergétique* avait été introduit par Macquorn Rankine ; il désignait de façon générale le point de vue que la notion de matière, malgré sa priorité chronologique dans le développement historique de la physique, devait faire place à la notion plus générale d'énergie comme notion de base de la physique[14]. Dans sa forme la plus radicale, l'énergétisme « métaphysique » d'un Wilhelm Ostwald cherchera à éliminer entièrement la matière au profit de l'énergie[15].

Dans son œuvre historique, Duhem soulignait l'importance de la science médiévale. L'intérêt qu'il y portait n'était d'ailleurs pas sans rapport avec les conceptions qu'il se faisait d'une physique de croyant. Revalorisant la tradition aristotélicienne, il soutenait le réalisme métaphysique tout en récusant le réalisme scientifique (principes qui s'éclaireront au regard de ses conceptions sur la fonction classificatoire des sciences).

C'est dans ce contexte qu'il convient d'aborder l'adhérence stricte de Duhem au point vue descriptiviste. Il s'exprime de façon on ne peut plus claire sur ce point :

> Une théorie physique n'est pas une explication. C'est un système de propositions mathématiques, déduites d'un petit nombre de principes, qui ont pour but de représenter aussi, simplement, aussi complètement et aussi exactement que possible, un ensemble de lois expérimentales[16].

La théorie physique ne représente pas donc une explication des phénomènes de la nature, mais plutôt une représentation abstraite, symbolique (exprimée dans le langage de la mathématique) des lois qui gouvernent ces phénomènes. La science n'atteint pas à l'explication (cela étant réservé à la religion) ; elle décrit et opère une classification des lois que Duhem conçoit de façon plus réaliste que ne le faisait Poincaré. Ce dernier avait également accordé une place importante à la classification en science :

> Maintenant qu'est-ce que la science ? [...] C'est avant tout une classification, une façon de rapprocher des faits que les apparences séparaient, bien qu'ils fussent liés par quelque parenté naturelle et cachée[17].

Pour Poincaré, cette classification est induite par les relations mises au jour par la science et repose à la fois sur le déterminisme (qu'il explique par l'intervention active du classificateur dans toute classification) et le principe d'induction (que la logique ne peut fonder, mais dont la science ne peut se passer). Les lois déterministes expriment des relations constantes entre conditions initiales et conséquentes au niveau des phénomènes, constituant ce que Poincaré appelle des séquences. Postulant par induction que les séquences réalisées sur le plan phénoménal ne changeront pas du jour au lendemain, la science peut alors procéder à leur classification. Mais cette classification est pour Poincaré une classification des phénomènes naturels et ne peut prétendre à d'autre statut qu'à celui de l'objectivité (conçue par lui en termes d'intersubjectivité). Accorder à la classification établie par la science une portée ontologique reviendrait à considérer que les lois scientifiques sont vraies, alors qu'elles demeurent toujours provisoires et approximatives. Pour Duhem en revanche, la tâche classificatoire des lois et des faits assignée à la science ne trouve son sens que si cette classification est « naturelle », principe auquel il rend tributaire le progrès de la science. Mais la classification ne pourra être naturelle que si elle possède un fondement ontologique, que la théorie physique elle-même ne peut lui garantir : seule la croyance en un ordre transcendant à la physique donne sa raison d'être à l'ordre qu'opère la théorie physique dans le monde phénoménal[18].

Là où axiomatisation s'appose à description, le conventionnalisme français de Duhem et Poincaré y appose le vocable « classification », sans doute par pudeur logique. Que la science classifie en même temps qu'elle décrit est sans doute une idée assez anodine si on ne met aucun accent sur le rôle central qu'y jouent les conventions. Comme le témoigne la citation ci-dessus, le descriptivisme strict de Duhem est d'emblée renforcé de préceptes conventionnalistes invoquant l'économie de la pensée[19]. Duhem sera surtout remarqué par la tradition analytique ultérieure pour sa conception holiste des théories, qu'il formule ainsi :

> Chercher à séparer chacune des hypothèses de la Physique théorique des autres suppositions sur lesquelles repose cette science, afin de la soumettre isolément au contrôle de l'observation, c'est poursuivre une chimère ; car la réalisation et l'interprétation de n'importe quelle expérience de la Physique impliquent l'adhésion à tout un ensemble de propositions théoriques.
>
> Le seul contrôle expérimental de la théorie physique qui ne soit pas illogique consiste à comparer *le système entier de la théorie physique à tout l'ensemble des lois expérimentales*, et à juger si celui-ci est représenté par celui-là de façon satisfaisante[20].

Selon Duhem, la théorie physique se fonde sur un nombre restreint de principes qui en constituent la structure même. Ces principes donnent lieu à un réseau d'hypothèses abstraites qui forment un système déductif dont la mise en correspondance avec les faits empiriques s'accomplit de façon globale et non pas une à une prise séparément. Le caractère organique de toute théorie rend impossible de soumettre une hypothèse théorique individuée à un test expérimental décisif, au sens où il faudrait conclure d'un résultat empirique négatif la nécessité logique de considérer cette hypothèse comme réfutée. La critique qu'il adressera à l'idée *d'expériences cruciales* pour de telles hypothèses se fera plus incisive que celle de Poincaré. Cette approche holiste n'est pas sans rapport avec la forme de conventionnalisme méthodologique qu'il soutient, puisqu'elle assure au théoricien un libre choix d'amendements à apporter à une hypothèse théorique aux prises avec des verdicts expérimentaux négatifs. Quant aux verdicts expérimentaux positifs, ils cèdent en importance à la puissance classificatrice que possèdera l'hypothèse. On retrouve aussi chez Duhem un autre thème que nous aurons à reprendre plus tard, celui de l'*imprégnation théorique* des appareils de mesure comme des faits d'observation[21].

Ces reprises de thèmes duhémiens par la tradition analytique ont déjà été notées[22]. Nous voulons ici attirer l'attention sur le fait, à première vue étonnant, que Duhem caractérise une théorie physique, donc empirique, comme un ensemble de propositions mathématiques. Notons au départ que l'approche sémiotique de Helmholtz favorisait déjà une telle optique : notre représentation scientifique des phénomènes naturels est un ensemble de signes ou de symboles qui n'ont qu'une relation structurelle avec la réalité visée. Que ces structures soient d'ordre mathématique n'affecte en rien le caractère empirique des énoncés scientifiques. Ce dernier, on l'a vu, est assuré par la mise en relation de ces structures avec des systèmes physiques concrets.

D'un point de vue systématique, on peut caractériser une théorie physique par (1) ses structures mathématiques, (2) son interprétation physique et (3) son domaine d'application. Partant du point de vue qui conçoit l'hypothèse physique comme étant une hypothèse portant sur la réalisation physique (empirique) de certaines structures mathématiques, il peut paraître indiqué d'identifier une théorie à l'ensemble des structures mathématiques qu'elle met en jeu. Mais cette caractérisation demeure toutefois incomplète dans la mesure où la description que fait la théorie physique de son domaine d'application ne se fait pas en termes purement mathématiques. Une théorie physique contient ce que l'on appelle communément des termes physiques, c'est-à-dire des termes qui lui sont propres et qui indiquent qu'elles ne portent pas uniquement sur des entités mathématiques. L'interprétation physique d'une théorie (sa composante sémantique) est déterminée par les relations qui sont établies entre les notions physiques qu'elle introduit et l'appareil mathématique qu'elle utilise. Par ailleurs, s'il semble clair, sur le plan intuitif, qu'une théorie doive être tant soit peu empiriquement interprétée afin de pouvoir remplir une fonction authentiquement descriptive, il n'y a cependant aucun consensus sur la question de savoir jusqu'à quel point elle doit l'être pour qu'elle puisse mener – et c'est ce qui importe, dans une large mesure – à des résultats empiriques significatifs. Il y a aussi un certain sens à dire que la mise à l'épreuve empirique d'une théorie physique n'implique que la comparaison de chiffres. Il y a donc matière et raison à tenir distinctes la question de l'interprétation physique d'une théorie, et celle de son domaine d'application. La question sémantique porte sur les moyens qu'une théorie physique utilise pour identifier ses référents, alors que la question du domaine d'application porte sur les référents, actuels ou visés[23].

Dans sa caractérisation des théories physiques en tant que structures mathématiques, Duhem adopte l'approche théorique empruntée par Hertz. Ce dernier, on l'a vu, avait séparé le formalisme mathématique et l'interprétation physique d'une théorie de la physique mathématique ; alors que pour Boltzmann, les modèles mathématiques progressivement introduits par la théorie possédaient d'emblée une interprétation empirique. Le fait que la *physique des principes* écarte ces modèles heuristiques de la présentation déductive achevée de la théorie, représentait pour Boltzmann plus qu'une ingratitude, pour ainsi dire ; elle portait préjudice à la tâche de la théorie d'expliquer et de faire comprendre (les aspects illocutoires et perlocutoires d'un même « acte de langage ») les phénomènes naturels. Hertz comparait les diverses interprétations mécaniques que l'on peut donner aux équations de Maxwell à divers manteaux dont on peut recouvrir à loisir l'échafaudage mathématique qui identifie cette théorie.

C'est justement dans ce revêtement empirique que prennent les théories qu'interviennent, selon Hertz, une pluralité de déterminations, dont certaines seront superflues ou d'autres les rendront contradictoires (ou à tout le moins inhomogènes sur le pan conceptuel). Notre esprit, qui souffre d'un tel état de choses, est spontanément incité à rechercher de nouvelles déterminations qui puissent lever ces contradictions ; mais c'est une vaine recherche, car la solution réside dans l'autre direction, qui est celle de dévêtir la théorie de ses modèles physiques et d'en dévoiler la morphologie, plutôt que de lui confectionner de nouveaux apparats. C'est cette voie que doivent prendre l'analyse et la critique conceptuelles en science :

> Mais sur les signes de « force » et d'« électricité » se sont accumulées plus de relations qu'il n'en faut pour qu'elles soient tout à fait compatibles ; cela, nous le ressentons obscurément, et nous exigeons des éclaircissements, et ce désir confus s'exprime par la question confuse de la nature de la force et de l'électricité. Mais la question se trompe manifestement pour ce qui est de la réponse qu'elle attend. Ce n'est pas par l'établissement de nouveaux rapports et de connexions additionnelles qu'on peut y répondre, mais par l'élimination des contradictions parmi les rapports déjà existants, donc éventuellement par la réduction de ceux-ci. Si ces contradictions douloureuses sont écartées, alors la question de la nature

> des choses n'est certes pas résolue, mais l'esprit qui n'est plus torturé cesse de poser la question qui est pour lui illégitime[24].

Notons au passage que ces lignes ont aussi été citées pour établir que Wittgenstein avait directement emprunté de Hertz sa conception générale de l'analyse philosophique. Nous aurons d'ailleurs l'occasion d'insister plus tard sur le caractère exemplaire des travaux de Hertz en regard des orientations ultérieures que connaîtra l'analyse des théories physiques. Il nous importe pour l'instant prendre acte que Duhem suit Hertz dans cette mise à distance de la structure mathématique d'une théorie et son interprétation visée.

On peut choisir d'identifier une théorie de la physique mathématique à des structures formelles (mathématiques) et non aux différents modèles physiques qu'elle permet et qui peuvent apparaître équivalentes sur le plan strictement empirique. Duhem utilise cette approche pour insister sur le caractère conventionnel des modèles physiques, tout en repoussant les modèles mécanistes qui s'écartent selon lui de la forme que doit revêtir une théorie physique.

Duhem en vient à distinguer dans les théories physiques la partie explicative et la partie descriptive, qu'il tient pour seule féconde :

> Ce qui, en elles [les théories physiques], est durable et fécond, c'est l'œuvre logique par laquelle elles sont parvenues à classer naturellement un grand nombre de lois, en les déduisant toutes de quelques principes ; ce qui est stérile et périssable, c'est le labeur entrepris pour expliquer ces principes, pour les rattacher à des suppositions touchant les réalités qui se cachent sous les apparences sensibles[25].

La composante descriptive que tissent le langage et les lois de la théorie n'a à répondre à nulle autre exigence que celle de « sauver les phénomènes », et elle n'exige ni la mise en jeu de la notion de cause, ni les interprétations mécanistes qui sont particulièrement dommageables pour la science en ce qu'elles portent à une interprétation réaliste naïve des théories scientifiques.

Duhem utilise cette distinction, parmi les principes d'une théorie physique, entre ceux qui sont à teneur explicative et ceux qui sont à teneur descriptive ou représentative, dans le cadre de l'exposition de ses préceptes descriptivistes. Mais la distinction conserve son importance indépendamment de ce cadre. Elle sera plus tard conservée (bien que remaniée) par l'empirisme logique qui tentera, par les efforts de

Carl Hempel, de réhabiliter l'explication en science, tout en recherchant une répartition des tâches, c'est-à-dire une distinction, parmi les axiomes d'une théorie, entre ceux qui remplissent une fonction exclusivement explicative (la composante nomologique de la théorie), et ceux qui remplissent une fonction exclusivement interprétative (sa composante heuristique).

Terminons sur une autre distinction, d'ordre méthodologique cette fois-ci, que Duhem mentionne :

> Pour marquer le lien des diverses vérités qui constituent une théorie, deux méthodes se présentent : l'une [...] consiste à dérouler ce lien dans l'ordre logique, en partant des principes et des hypothèses [...]. Cette méthode [...] exige l'emploi continuel de l'analyse mathématique. L'autre méthode consiste à exposer les vérités dans leur ordre d'invention ; on comprend mieux le contenu d'une loi physique lorsqu'on sait par quels efforts elle a été engendrée[...][26].

Si, dans ses travaux d'historien des sciences, Duhem a adopté la seconde méthode en raison de sa valeur pédagogique, nul doute ne persiste quant à sa prédilection pour la méthode « logique » en matières d'épistémologie. Mais à l'instar de la majorité des « savants-philosophes », Duhem n'avait à sa portée qu'une conception relativement pauvre des moyens que l'analyse logique peut mettre à disposition ; il en sera tout autrement d'un groupe de scientifiques qui devait bientôt se rencontrer à Vienne et orienter la philosophie des sciences hors de cette tradition, en raison justement de l'attrait formidable qu'offrait la « nouvelle logique »

NOTES DU CHAPITRE 3

1. Voir Giedymin, J., 1982, ix et Atten, Michel, « Poincaré et la tradition de la physique mathématique française », in Greffe , J.-L. *et al.,* 1996, 35-44.

2. Voir Ulrich Majer, « Die Wissenschaftstheorie des *Tractatus* – eine bisher unbekannte Form des Konventionalismus » in E. Leinfellner *et alii* (éd.), *Epistemology and Philosophy of Science. Proceedings of the VII. International Wittgenstein Symposium, Kirchberg 1982*, Vienne, Hoelder-Pichler-Tempsky, 1983, 460-464, 463.

3. Nous utilisons ici Gauthier, Y., 2005, 52, qui suit d'assez près le texte grec d'Euclide.

4. Le signe $\vdash$ indique la relation de conséquence syntaxique ; $\Gamma \vdash \alpha$ exprime que l'énoncé α est dérivable de l'ensemble d'énoncés Γ.

5. Sur le plan sémantique, « être consistant » équivaut à « posséder un modèle ».

6. Poincaré, H., 1902, 74.

7. Poincaré, H., 1902, 75-76.

8. Poincaré, H., 1902, 76.

9. Comme toute géométrie, la géométrie euclidienne n'étudie que certaines propriétés des figures géométriques pour en négliger entièrement d'autres ; si, par exemple, on inverse un triangle de bas en haut, l'angle qui était à gauche du vertex sera alors situé à sa droite, mais cela n'a aucune pertinence pour la géométrie euclidienne.

10. Les transformations affines sont des transformations (combinaisons de rotation et de translation) que l'on peut représenter par un double système linéaire résoluble de façon univoque (transport parallèle). Plus précisément, les transformations euclidiennes sont des transformations affines qui laissent invariante la relation de distance. Sous cet aspect, la géométrie affine est donc une géométrie qui est plus fondamentale que la géométrie euclidienne.

11. Paty, M., 1986, 189. Nous avons donc essentiellement repris plus haut de Paty le sens à donner à l'expression « savants-philosophes ».

12. Voir Duhem, P., 1903 (1992), 1906 (1981) et 1908a (1982).

13. Voir Duhem, P., 1892-94 et Duhem, P., 1911 respectivement.

14. Voir W. J. M Rankine, « Outlines of the Science of Energetics », *Glasgow Philosophical Society Proceedings*, III-6, 1855 ; repris in *id., Miscellaneous Scientific Papers*, Londres, 1881.

15. Voir Wilhelm Ostwald, « La déroute de l'atomisme contemporain » (titre original : « Le dépassement du matérialisme scientifique ») et « Lettre sur l'énergétique », 1895, repr. in Lecourt, D., 1973, 115-124, 135-139.

16. Duhem, P., 1906 (1981), 24.

17. Poincaré, H., 1905, 181.

18. Voir Duhem, P., 1908b.

19. Très tôt, Duhem s'était exprimé en termes très proches de Mach au sujet des théories physiques : « La science théorique a pour but de soulager la mémoire et de l'aider à retenir plus aisément la multitude des lois expérimentales. » (Duhem, P., 1892, 140). Plus loin, il ajoute : « [La théorie physique] est une construction symbolique destinée à résumer, en un petit nombre de définitions et de principes, l'ensemble des lois expérimentales. » (Duhem. P., 1892. 158)

20. Duhem, P., 1906 (1981), 303-304.

21. Voir Duhem, P., 1906 (1981), 2e partie, chap. 4.

22. Voir, en particulier, Diederich, W., 1974 et Brenner, A., 1990.

23. Voir Leroux, J., 1988, 2-18, pour un traitement plus élaboré de la question.

24. Hertz, H., 1894, 9. Wittgenstein aurait songé à utiliser la dernière phrase comme épigraphe pour les *Recherches Philosophiques*. On pourrait également citer cette phrase de Wittgenstein, en date de 1929, qui reprend fidèlement l'analogie de Hertz concernant la notion de force en mécanique : « Notre langue est en ordre, pourvu seulement que nous en comprenions la syntaxe et que nous reconnaissions les roues qui tournent à vide. » (*Wittgenstein und der Wiener Kreis*, Brian McGuinness (éd.), Oxford, Blackwell, 1967, 2e éd. 1979. *Wittgenstein et le Cercle de Vienne*, tr. G. Granel, Mauvezin, Trans-Europ-Repress, 1991, 17).

25. Duhem, P. 1906 (1981), 53.

26. Pierre Duhem, *Introduction à la mécanique chimique*, Gand, Hoste, 1893, vi ; cité par Brenner, A., 1990, 139.

LE CERCLE DE VIENNE

Chapitre 4

L'ÉMERGENCE DU CERCLE DE VIENNE

L'histoire de la philosophie des sciences a sa part de conceptions reçues. On a longtemps véhiculé la version, due à Viktor Kraft, suggérant que le Cercle de Vienne ait pris naissance avec l'arrivée de Moritz Schlick (1882-1936) à Vienne en 1922[1]. Des études historiques plus récentes, dont celles principalement de Rudolf Haller, ont cependant établi qu'il y eut, avant l'institutionnalisation du Cercle de Vienne, un premier cercle constitué par Hans Hahn (1879-1934), Philipp Frank (1884-1966) et Otto Neurath (1882-1945)[2]. C'est ce même groupe qui permit au Cercle de pouvoir se constituer autour de Schlick ; en fait, on peut dire à bon droit que Hans Hahn fut le véritable fondateur du Cercle de Vienne[3].

Le « premier » Cercle de Vienne

Au début du siècle, Hans Hahn, Philipp Frank et Otto Neurath assistent en commun à des cours de mathématiques à l'Université de Vienne. La fin de leurs études les ramène tous trois à Vienne. En 1907, Hans Hahn a alors terminé sa thèse d'habilitation en mathématiques après des études à Vienne et à Göttingen auprès de Ludwig Boltzmann, David Hilbert, Felix Klein et Hermann Minkowski. Philipp Frank, qui a également fait des études à Göttingen, vient de soutenir sa thèse de doctorat en physique à l'Université de Vienne. Quant à Otto Neurath, il a complété ses études en économie et enseigne à la nouvelle académie de commerce à Vienne. Entre 1907 et 1912, ces trois anciens camarades de classe se fréquentent et partagent leurs intérêts philosophiques, faisant ce qu'ils feront plus tard comme membres de la première heure du Cercle de Vienne : ils se rencontrent dans un café viennois le jeudi soir et discutent de science et de philosophie. Les questions à l'ordre du jour :

- Comment éviter l'ambiguïté et l'obscurité traditionnelle de la philosophie ?
- Comment en arriver à un rapprochement entre la science et la philosophie ?
- Quelle philosophie serait la plus susceptible d'aider au progrès scientifique et par là, au progrès social et culturel ?

Ces questions émanaient du clivage qui s'était opéré entre la science et la philosophie à la suite des excès de l'idéalisme allemand qui, par ses doctrines de la nature, s'était aliéné la communauté des savants. Dédaigner la philosophie d'école ne signifie pas cependant juger que la science ne comporte pas de questions d'ordre philosophique et qu'une coopération entre les deux disciples n'est pas souhaitable, voire nécessaire. Les membres du groupe étaient évidemment familiers avec les idées d'Ernst Mach, dont la renommée était déjà établie. À cette époque, Mach venait tout juste de faire paraître *La Connaissance et l'erreur*, ouvrage destiné à rendre ses conceptions épistémologiques accessibles à un large public. On pouvait tirer des idées de Mach la nécessité pour la science de maintenir une certaine hygiène conceptuelle et d'élaguer les notions métaphysiques qu'elle traîne de son passé et qui font entrave à son développement. Cette attitude vigilante à l'égard de la science avait, aux yeux des membres du groupe, une valeur exemplaire qui ne sera jamais démentie ; cependant, ce n'est pas chez Mach que l'on recherchait le renouveau que devait prendre l'épistémologie. Comme Frank le rapportera plus tard, « en arrière-plan de nos idées, il y avait principalement la philosophie de Mach, mais ce n'est pas d'elle que nous reçûmes la stimulation la plus forte[4] ».

Cette stimulation provint de trois auteurs français dont les œuvres maîtresses venaient récemment de paraître en traduction allemande :

Rey, dont *La théorie physique chez les physiciens contemporains* avait été traduite dès 1908[5] ; Duhem, qui avait rédigé *La théorie physique. Son objet, sa structure* et dont la traduction parue également en 1908 avait été préfacée par Mach[6] ; et enfin Poincaré, dont *La science et l'hypothèse* et *La valeur de la science* circulaient déjà en traduction allemande[7]. Nous aurons l'occasion de mesurer l'impact qu'eut le conventionnalisme sur l'évolution première de l'empirisme logique. Le groupe espérait des thèses conventionnalistes, en particulier de celles de Poincaré, qu'elles puissent combler les lacunes perçues dans l'épistémologie de Mach. Selon Philipp Frank, la venue à maturité des thèses du Cercle de Vienne provint dans une large mesure d'une intégration des idées de Mach et de Poincaré. Une autre stimulation majeure proviendra d'ailleurs plus tard de celui qui justement avait intégré des idées de Mach et de Poincaré dans la théorie physique même, c'est-à-dire Albert Einstein.

Le groupe autour de Schlick en 1922

Reportons-nous à l'après-guerre et voyons d'abord où en sont avec les membres du premier Cercle de Vienne. Frank a soutenu sa thèse d'habilitation à Vienne en 1910 et se trouve à Prague où, succédant à nul autre qu'Einstein, il occupe depuis 1912 la chaire de physique théorique. Il rentre à Vienne du moment qu'il peut prendre congé. Neurath, théoricien de l'économie de guerre, ingénieur social et socialiste, est de retour à Vienne après une aventure politique périlleuse en Bavière en 1919 ; il est à mettre sur pied un programme d'éducation aux adultes en sciences sociales. Hahn est déjà promu professeur titulaire de mathématiques à l'Université de Vienne en 1921.

En cette même année survint le décès de Adolf Stöhr, qui avait succédé à Boltzmann à la chaire de Philosophie des sciences inductives de l'Université de Vienne[8]. Préoccupé d'assurer l'appel d'un scientifique de premier rang à cette chaire devenue vacante, Hahn prit une part très active à la sélection de Moritz Schlick. Originaire de Berlin, Schlick y avait fait ses études en physique et obtenu son doctorat en 1904 chez Max Planck, avant d'accepter une chaire à l'Université de Kiel. Ses intérêts philosophiques l'avaient tôt porté à fréquenter le néokantisme et le mouvement phénoménologique naissant autour de Edmund Husserl. Insatisfait de cette alternative, Schlick s'était alors orienté vers les écrits de Helmholtz, Mach et Poincaré. Ses travaux sur la nouvelle théorie de la relativité l'avaient mené à la conclusion que les conceptions kantiennes du temps, de l'espace et de la causalité ne pouvaient être maintenues, et que seule une approche empiriste était à même de rendre compte des concepts et principes fondamentaux de la science. Le bris avec la tradition kantienne est déjà opéré chez Schlick en 1917 lorsqu'il publie *L'espace et le temps dans la physique contemporaine*, qui fut un des premiers ouvrages sur la théorie de la relativité à s'adresser à des non-physiciens et à la discuter sur le plan épistémologique[9].

Hahn usa également de son influence pour assurer la venue, en 1922, de Kurt Reidemeister (1893-1972) à l'Institut de mathématiques de l'Université de Vienne. Spécialiste des fondements de la géométrie et également féru de logique, Reidemeister devait jouer plus tard un rôle important dans la constitution du Cercle de Vienne. Hahn, intéressé aux questions de logique et de fondements des mathématiques, compta notamment sur la présence de Reidemeister lorsqu'il consacra un de ses séminaires d'études supérieures à l'étude des *Principia Mathematica* de Whitehead et Russell. Reidemeister participa activement aux séminaires de Schlick qui, dans les années 1923-1925, portèrent exclusivement sur l'exégèse du *Tractatus logico-philosophicus* de Wittgenstein. Ce n'est qu'après une présentation du *Tractatus* par Reidemeister, lors du séminaire de Schlick en 1924-1925, que Hahn en vint à se convaincre de l'importance philosophique du *Tractatus*.

Institutionnalisation du groupe

C'est à l'instigation de ses étudiants Friedrich Waismann et Herbert Feigl que Schlick organisa en 1924 un groupe de discussion interdisciplinaire avec les mathématiciens. Ces rencontres hebdomadaires à l'Institut de mathématiques eurent tôt fait de s'institutionnaliser pour donner naissance au Cercle de Vienne. Outre Hahn et Schlick, on retrouvait, parmi les membres du Cercle, Philipp Frank, Otto Neurath et son épouse Olga Hahn-Neurath, Herbert Feigl, Rudolf Carnap, Friedrich Waismann, Theodor Radakovic, Kurt Gödel, Felix Kaufmann, Victor Kraft, Karl Menger, Gustav Bergmann, Marcel Natkin, Heinrich Neider, Rose Rand et Edgar Zilsel[10]. C'est également en 1924 que Schlick fit la connaissance de Carnap par l'intermédiaire de Hans Reichenbach, qui enseignait alors à la polytechnique de Stuttgart. Schlick invita Carnap à venir présenter à Vienne ses recherches doctorales et fit en sorte que Carnap obtienne un poste d'enseignant (1926-1931).

Schlick et Carnap portèrent beaucoup d'intérêt aux travaux du mathématicien Karl Menger (1902-1985), ancien étudiant de Hahn et spécialiste de la topologie. Après l'obtention de son doctorat en 1924, Menger avait continué ses recherches en enseignant à Amsterdam où il était l'assistant de L. E. J. Brouwer. C'est à l'instigation de Hahn que Menger vint le rejoindre à Vienne en 1927 pour y obtenir l'année suivante une chaire de géométrie, en remplacement de Kurt Reidemeister (qui avait obtenu une chaire à Königsberg).

C'était justement l'année où, à l'instigation de Carnap, le Cercle de Schlick terminait une longue exégèse du *Tractatus* de Wittgenstein. Des vues opposées à celles de Wittgenstein sur la philosophie des mathématiques, ainsi que la présence dans le groupe d'excellents jeunes mathématiciens (son élève et assistant Gödel, de même que Bergmann), furent sans doute ce qui incita Menger à fonder en 1928 un groupe de discussion parallèle au Cercle de Vienne, le *Colloque de mathématiques*, dont le motif était de se dédier plus exclusivement à la logique et les fondements des mathématiques. Le jeune Karl Popper, qui attendait en vain l'invitation à participer au Cercle de Schlick, se retrouva parmi eux en tant qu'élève de Reidemeister. C'est par l'entremise de Menger que Tarski fut aussi invité à participer au Colloque en 1930, pour être par la suite reçu au Cercle de Schlick. Tarski y exposa ses conceptions de la métalogique ; celles-ci déstabilisèrent les wittgensteiniens (Schlick, Waismann) du groupe, alors qu'elles orientèrent Carnap dans son travail qui le mènerait à la *Syntaxe logique du langage* (1934). Popper également ne manqua pas de se déclarer fortement influencé par la conception sémantique de la vérité proposée par Tarski.

Internationalisation du mouvement

C'est sous l'égide de Neurath que le groupe entreprit de se publiciser en tant que mouvement international. On publia d'abord une brochure qui énonce les prises de position du groupe sur le plan épistémologique, social et politique. La brochure prit l'allure d'un manifeste annonçant un tournant majeur en philosophie et décrétant une collaboration renouvelée entre la science et la philosophie. Rédigé par Neurath, Carnap et Hahn, le manifeste s'intitulait : *La conception scientifique du monde : Le Cercle de Vienne.* Le titre avait évidemment fait l'objet de certains négoces ; le terme « conception du monde » [*Weltauffassung*] s'expliquait par les réticences du groupe à celui, plus usité, de « vision du monde » [*Weltanschauung*], mais dont le lourd passé philosophique était jugé inapproprié pour qualifier un mouvement qui, dans la foulée de la révolution qui soufflait en science, voulait apporter à la philosophie sa propre révolution[11]. Quant à l'appellation « Cercle de Vienne », l'idée était de Neurath et elle répondait au désir commun d'éviter toute appellation qui se termine par un *-isme* ou qui ait quelque assonance dogmatique.

En second lieu, le groupe entreprit d'organiser des colloques internationaux afin de donner une large diffusion à leurs idées. Le coup d'envol fut donné la même année à Prague, où Frank, en tant que titulaire de la chaire de physique théorique, avait activement contribué à l'organisation du premier *Colloque international d'épistémologie des sciences exactes.* Les membres du groupe s'y présentèrent en force et l'on ne manqua pas d'y exposer les grandes lignes du *Manifeste.* Le second colloque d'épistémologie des sciences exactes suivit immédiatement l'année suivante à Königsberg, où Reidemeister organisa un colloque dédié aux fondements des mathématiques et de la mécanique quantique. À l'initiative de Neurath, le mouvement put présenter ses principales thèses lors du premier *Congrès International pour l'unité de la science* à Paris en 1935. Les autres Congrès internationaux pour l'unité de la science eurent lieu à Copenhague (1936), à Paris (1937), à Cambridge (1938) et à Cambridge (Boston) en 1939[12].

Dans son mouvement d'internationalisation, le groupe s'appropria en troisième lieu un organe de diffusion. On prit le contrôle de la revue éditée par Ostwald, *Annalen der Naturphilosophie,* qui changea de nom pour *Erkenntnis* en 1930 : Carnap et Reichenbach en prirent la rédaction[13]. Deux collections furent mises sur pied, en plus d'une autre chez l'éditeur Springer à Vienne ; dix volumes furent publiés sous l'appellation *Schriften zur wissenschaftlichen Weltauffassung,* et huit volumes furent édités par Neurath en collaboration avec Carnap dans la collection *Einheitswissenschaft.* Enfin, il y eut le projet d'une encyclopédie pour l'unité de la science, initiée en 1938 sous la direction de Neurath, Carnap et Charles Morris à Chicago, dans la tradition française des Lumières.

Mentionnons rapidement deux autres groupes affiliés au Cercle de Vienne. L'un, la Société de philosophie empirique ou *Le Groupe de Berlin*, fut fondé en 1928. Il se donnait pour tâche de promouvoir une philosophie scientifique et d'organiser des conférences. C'est à Berlin que se retrouvent Hans Reichenbach, Richard von Mises, Kurt Grelling et le jeune Carl Hempel. L'autre groupe était *l'École de Varsovie*, composé de logiciens qui portaient intérêt à la philosophie et dont les conceptions ne manquaient pas d'affinité avec celles du Cercle de Vienne. Parmi eux, Kasimierz Adjukiewicz, Jan Lukaciewicz, Stanislaw Lesnieswski, Leon Chwistek, Tadeusz Kotarbinski et Alfred Tarski.

Les contacts se firent graduellement avec les États-Unis (Charles W. Morris, Ernest Nagel, W.V. Quine), les pays scandinaves (Arne Næss, Jœrgen Jœrgensen) et l'Angleterre (Richard Beven Braithwaite, Gilbert Ryle, Bertrand Russell). Sous la recommandation de Gilbert Ryle, Alfred Julius Ayer vint à Vienne en 1932 et participa aux réunions du groupe[14].

L'exil de la raison

Lorsque débute la Seconde Guerre mondiale, le Cercle de Vienne n'existe déjà plus. La montée du nazisme força plusieurs à s'exiler : Neurath en Angleterre en 1934, Carnap aux États-Unis en 1935. Hahn était décédé en 1934 et Schlick mourait assassiné en 1936 sur les marches de l'université. Lors de l'annexion de l'Autriche par l'Allemagne en 1938, Waismann, tardivement, s'exile en Angleterre[15]. La réception réservée à l'empirisme logique aux États-Unis et l'histoire des relations entretenues d'une part avec le pragmatisme américain, et d'autre part avec l'École de Francfort également exilée, ont fait récemment fait l'objet d'études[16]. Dans sa phase européenne, le mouvement empiriste fut activement engagé dans la vie philosophique de son temps, se plaçant en compétition avec le néokantisme, la phénoménologie et même la philosophie de Heidegger. Son émigration forcée par le nazisme vers les pays anglophones lui fit perdre de sa vitalité. Il y rencontrait bien plus un sol fertile pour la réception de ses idées qu'un nouveau terrain de combat. Le paysage philosophique était autre et les anciens combats, non exportables.

À la fin des années 1930, l'émigration américaine du Cercle de Vienne est complétée. À l'exception de Zilsel, tous ont pu réintégrer la profession et poursuivre une excellente carrière universitaire. La majorité d'entre eux ignoraient au départ à peu près tout du pragmatisme américain. Outre ce grand courant, ils ne pouvaient espérer de coopération qu'avec des mouvements extérieurs à la communauté philosophique proprement dite, c'est-à-dire avec le behaviorisme en psychologie et l'opérationnalisme en physique. Malgré l'influence qu'il exerça aux États-Unis sur le développement de la philosophie analytique (débordant aussi sur la psychologie et les sciences sociales), et surtout sur l'institutionnalisation de la philosophie des sciences comme branche académique, l'empirisme logique n'a jamais su reprendre la vigueur qu'il avait eu jadis sur les plans culturel, social, politique et artistique. Pour terminer ce chapitre, nous laissons le dernier mot à Arne Næss qui, à notre sens, résume parfaitement la situation :

> En rétrospective, c'est dommage que la combinaison d'entreprises analytiques et d'initiatives sociales des empiristes logiques se soit tarie. L'empirisme logique a constitué une force culturelle dans les années 30 [...]. Lorsque Quine et autres prirent l'avant-scène de la philosophie analytique, le mouvement s'est vu dérobé de sa teneur sociale et politique[17].

NOTES DU CHAPITRE 4

1. Voir Kraft, V., 1950 (1953).
2. Voir R. Haller, « New Light on the Vienna Circle », *The Monist*, 65, 1982, p. 25-37 ; « Der erste Wiener Kreis », *Erkenntnis*, 22, 1985, 341-358 ; « The First Vienna Circle », in Uebel, T., 1991, 95-108. Le témoignage de Philipp Frank est une source particulièrement importante en ce qui concerne le premier Cercle de Vienne (voir Frank, P., 1949).
3. Voir Philipp Frank, « Nachruf auf Hans Hahn », *Erkenntnis*, 4, 1934, 315.
4. Frank, P., 1949 (1975), 7.
5. Voir Abel Rey, *Die Theorie der Physik bei den modernen Physiker*, tr. R. Eisler, Leipzig, 1908.
6. Voir Pierre Duhem, *Ziel und Struktur physikalischer Theorien*, tr. F. Adler, Leipzig, 1908 ; Hambourg, Meiner, 1998.
7. Voir Henri Poincaré, *Wissenschaft und Hypothese*, tr. F. Lindenmann et L. Lindenmann, Leipzig, 1904 ; *Der Wert der Wissenschaft*, tr. E. Weber, Leipzig, 1906.
8. Pour un exposé de la vie et de l'œuvre de Stöhr, voir Franz Austeda (éd.), *Adolf Stöhr, Philosophische Konstruktionen und Reflexionen*, Vienne, 1974. Stöhr aurait anticipé les idées de ses compatriotes Kraus et Wittgenstein dans sa critique de la métaphysique comme errements du langage (voir Soulez, A., 1985, 30, n. 3). Pour une étude historiographique approfondie du Cercle de Vienne, on consultera Stadler, F., 1997.
9. Schlick, M., 1917.
10. Les renseignements sur cette première phase du Cercle autour de Schlick proviennent de sources fragmentaires ; on consultera surtout Kraft, V., 1950, Frank, P., 1949, Carnap, R., 1963a, Feigl, H., 1981, Bergmann, G., 1988, Menger, 1994 et Hempel, C. G., 2000. Dahms, H.-J., 1985, Uebel, T., 1991, Kruntorad, P., 1991, Haller, R. et F. Stadler, 1993, ainsi que Giere, R. et A. Richardson, 1996, réunissent foule de contributions sur l'histoire du Cercle de Vienne ; Haller, R., 1993, et Stadler, F., 1997, constituent les meilleures synthèses sur ce sujet.
11. Voir Neurath, O., 1929 (1985).
12. Les congrès internationaux de *Logique, méthodologie et philosophie des sciences* qui ont couramment lieu tous les quatre ans sont en fait la continuation des rencontres organisées en 1929 par le groupe de Vienne et de Berlin.
13. La revue *Erkenntnis* dans sa forme initiale parut de 1930 à 1940.
14. Voir Ayer, A. J., 1936.
15. Voir Dahms, H.-J., 1995 ; Hardcastle, G. et A. Richardson, A., 2003.
16. Voir Dahms, H.-J., 1994.

17. Arne Næss, « Logical Empiricism and the Uniqueness of the Schlick Seminar : A Personal Experience with Consequences » in Stadler. F., 1993, 1-16, cité dans Stadler, F., 1997, 163. Pour un tableau de la réception du Cercle de Vienne aux États-Unis et de ses avatars politiques, on consultera Hardcastle, G. et Richardson, A., 2003, et Reisch, G., 2005.

Chapitre 5

LES INFLUENCES MAJEURES

Plusieurs influences se sont combinées pour former ce qui devint, dans sa forme viennoise, l'empirisme logique. Nous avons déjà noté que les influences ne sont pas à chercher du côté du positivisme comtien. À quelques exceptions près, les membres du Cercle de Vienne récusaient le terme « positivisme » et, *a fortiori*, l'appellation « positivistes logiques », surtout utilisée par leurs détracteurs. À la fin du XIXe siècle, les deux seuls mouvements philosophiques apparentés au positivisme étaient l'empirio-criticisme de Mach et le monisme matérialiste du *Monistendbund*. Du côté des empirio-criticistes et en particulier chez Petzoldt on utilisait le terme *positiviste* dans un sens autre que celui de Comte ; le principe d'économie de la pensée n'avait d'ailleurs ni filiation historique, ni relation substantielle avec la philosophie de Comte. Quant à la Fédération des Monistes, elle fut en fait l'unique mouvement philosophique organisé à tenter d'implanter le positivisme français en Allemagne. Le seul véritable disciple allemand de Comte et fondateur du *Monistenbund*, Heinrich Molenaar, qui traduisit Lévy-Bruhl et qui y alla de sa plume et de sa poche pour soutenir le mouvement durant toute une décennie, déserta l'organisation avant même que la Première Guerre mondiale n'interrompe les communications entre Munich et les quartiers généraux du positivisme international sis à Paris[1].

L'appellation même *empirisme logique* indique la confluence d'une orientation épistémologique, qui voulait mettre à jour son programme, et d'une discipline en plein essor subséquemment aux travaux séminaux de Frege et Russell. En fait, se sont rencontrées à Vienne au début du siècle une tradition épistémologique bien établie, qui était celle des savants-philosophes, et une tradition naissante, qui prit provisoirement le nom de *Logistik* et qui était celle des recherches axiomatiques en sciences formelles. Dans ses préoccupations philosophiques, l'empirisme logique fut soucieux de ce qui s'opérait sur ses flancs dans le camp des néo-kantiens et de la phénoménologie, et cibla en passant Heidegger pour exemplifier la sorte de critique à laquelle la philosophie était dorénavant en droit de s'attendre de la part de la logique. Dans ses préoccupations visant plus particulièrement la logique, le Cercle de Vienne s'enthousiasma bien sûr pour Frege et Russell, mais c'est surtout Hilbert qui leur indiqua la voie que devait prendre la régénération qui s'imposait de l'analyse épistémologique. On discuta beaucoup Wittgenstein, pour n'en retirer que peu qu'on n'aurait pu trouver ailleurs, sur le plan strictement logique. Sur le plan scientifique, une réflexion extensive en particulier sur les développements de la géométrie physique mena le groupe à un parti pris inconditionnel en faveur d'Einstein ; si la théorie générale de la relativité s'implantait en science physique comme théorie-cadre pour toute théorie future, il revenait encore aux empiristes logiques d'en extraire la formulation canonique de toute théorie empirique.

La prise en compte de l'entrecroisement de ces influences interdit d'évaluer l'impact d'un mouvement particulier de façon isolée. Il convient néanmoins aux fins d'expertise de dégager certaines lignes de force.

L'échec au psychologisme

La critique du psychologisme avait déjà débuté dans les milieux néo-kantiens vers les années 1870 en réaction à l'invasion de la psychologie empirique, pour être consacrée plus tard en logique par Frege et, à sa suite, Husserl. Comme le résume bien Léo Freuler :

> Le psychologue, dit-on, c'est celui qui ne s'adresse pas à la vérité de la pensée, donc au caractère normatif de la logique, mais simplement à la manière dont la pensée se déroule effectivement lorsqu'on observe son

opération dans le sens interne. Le conflit surgit lorsque le psychologue, au lieu de s'en tenir à ses observations, prétend que la vérité de la pensée, les vérités logiques, présupposent en réalité les lois psychologiques du déroulement effectif de la pensée, que les lois de la logique, par conséquent, doivent être fondées sur des lois psychologiques. Si un logicien peut être gêné par cette subordination de la logique à la psychologie, c'est parce que les vérités logiques risquent pour finir d'être mesurées aux fluctuations et aux incertitudes de la vie psychologique, de perdre leur nécessité et de relever de la contingence d'une connaissance psychologique seulement empirique[2].

L'embûche que dressait la psychologie empirique au passage d'une méthode historique à une méthode logique dans l'analyse épistémologie avait été levée par Frege dans ses *Fondements de l'arithmétique*. Les fondements des mathématiques et la philosophie se devaient pour Frege d'être solidaires dans leur combat contre le psychologisme :

> […] Une recherche fondamentale sur le concept de nombre ne peut manquer d'être marquée de philosophie. La tâche est commune aux mathématiques et à la philosophie.
>
> Si, malgré plusieurs tentatives des deux parties, la collaboration de ses deux sciences n'est pas aussi fructueuse qu'il serait souhaitable et possible, cela tient, semble-t-il, à ce que la méthode psychologique prévaut en philosophie et tend à s'introduire en logique. […]
>
> Il peut être utile d'examiner les représentations qui accompagnent la pensée mathématique et leur déroulement ; mais que la psychologie ne s'imagine pas concourir en quoi que ce soit au fondement de l'arithmétique[3].

Prenant le relais, Husserl y allait d'une critique radicale du psychologisme dans le premier volume des *Investigations logiques*. La critique husserlienne s'étendait directement au principe d'économie de la pensée : « Par elle-même la logique pure précède toute économie de la pensée et il demeure absurde de fonder celle-là sur celle-ci[4]. » Comme l'exprime Lindenfeld,

> Mach et Avenarius concevaient toute pensée conceptuelle comme tendant essentiellement à une description simple des faits (par subsomption d'un grand nombre de faits sous un nombre restreint de concepts) et relevant foncièrement du procès biologique d'adaptation de l'espèce. Bien qu'admettant qu'un tel principe soit utile en logique sous certains rapports pratiques (comme dans le choix d'un ensemble adéquat de

symboles primitifs), Husserl s'opposait à ce qu'il puisse se substituer à la notion de validité comme principe premier en logique. Ce qui peut paraître « économique » est tout aussi sujet aux fluctuations historiques que les lois de la psychologie peuvent l'être aux mentalités ambiantes[5].

S'il n'y a pas de fondements empiriques à la logique, la science en revanche ne peut trouver ses assises sans les ressources de la logique. C'est en exploitant les catégories et les lois de la logique et en explorant leur relation à l'expérience humaine que la philosophie, selon Husserl, pourra apporter des fondements rigoureux aux sciences. La phénoménologie devait se donner pour tâche de s'y employer.

Le combat livré au psychologisme et l'effet d'entraînement des approches axiomatiques formelles dans la problématique des fondements (plutôt que l'approche phénoménologique d'un Husserl ou le néo-kantisme d'un Cassirer, lesquels ne gagnèrent pas l'adhésion des membres du groupe) donnent le contexte historique de l'infidélité des Viennois à leur compatriote Mach. Il y avait à leurs yeux un double avantage à l'axiomatisation formelle comme prolégomènes à toute analyse épistémologique des théories scientifiques. En ce qui touche autant l'individuation que la caractérisation de l'objet d'étude de la philosophie des sciences, la méthode axiomatique formelle rodée par Hilbert représentait une solution élégante en ce qu'elle caractérisait les théories scientifiques individuelles (indépendamment de leur statut empirique) en tant qu'ensembles d'axiomes « clos sous la déduction », c'est-à-dire incluant toutes les conséquences logiques de ces axiomes. Le principe machien d'économie de la pensée s'en trouvait donc pris en compte et, de surcroît, il se voyait purgé de sa teneur psychologique originale. Ce parti pris anti-psychologiste explique comment les membres du Cercle de Vienne ont pu délaisser la tradition épistémologique des physiciens (celle de Helmholtz, de Hertz, de Mach, de Boltzmann, et d'un certain Schlick lui-même) au profit d'une tradition logiciste initiée par Frege et Russell[6]. Il dénoue également l'énigme de cet engouement des membres du Cercle de Schlick pour le *Tractatus* de Wittgenstein, dont le point de départ était justement que « la pensée est une image *logique* des faits » (c'est nous qui soulignons).

Wittgenstein

C'est à l'enseigne de ce combat mené (et tenu pour gagné en philosophie des sciences, jusqu'à l'entrée à l'avant-scène de Quine) contre le psychologisme qu'il convient d'aborder l'influence qu'a pu avoir le *Tractatus* sur le Cercle de Vienne. La relation entre Wittgenstein et les membres du Cercle de Vienne offre un tableau très disparate. Dans le spectre des adhésions aux idées du *Tractatus*, le groupe se percevait lui-même comme comportant une aile de droite (celle des adeptes enthousiastes, Schlick et Waismann) et une aile de gauche (celle des critiques sceptiques, surtout Neurath et Menger). La connotation politique n'était pas fortuite et la division n'excluait pas le plan des affinités personnelles.

Par delà les divergences politiques notables parmi les membres du groupe, on peut affirmer sans risque que le Cercle dans son ensemble participait pleinement de l'esprit des Lumières. La Société Ernst Mach (qui était le nom légal du Cercle de Vienne) comptait parmi les nombreuses sociétés et associations viennoises œuvrant en marge et à l'intérieur de mouvement social-démocrate et promulguant des buts de rationalisation économique, de réforme sociale et d'éthique de la vie quotidienne. Or, comme l'ont exprimé Carnap et Russell, Wittgenstein était hostile à toute idée qui avait le goût des Lumières. Son rapport à la science était quelque peu complexe : il soutenait dans le *Tractatus* une forme radicale de scientisme, lui accordant les droits exclusifs sur la vérité (§ 4.11 : « La totalité des énoncés vrais du monde sont ceux de la science »), pour ensuite mieux la récuser dans ses manifestations concrètes et ses fonctions émancipatrices.

Quant aux relations personnelles, on peut mesurer l'importance des divergences de vues à partir des réactions que suscita la personnalité chamanique de Wittgenstein : d'un côté l'engouement et la vénération chez Schlick et Waismann (qui oscillait entre prosternation et répudiation), et de l'autre, l'œil amusé d'un Neurath ou les réserves éclairées d'un Menger. Wittgenstein s'est toujours refusé à la moindre collaboration scientifique avec le groupe, ciblant ses antipathies sur un Carnap pourtant amène. Dès leur première rencontre du 20 juin 1927, Wittgenstein lui chercha noise en s'attaquant avec véhémence à un projet qu'il savait cher à Carnap, l'espéranto. Cinq années plus tard, il lui écrira (par personne interposée, en l'occurrence Schlick) une lettre d'insultes personnelles affublées d'accusations de plagiat[7]. Carnap, qui avait été le premier à faire connaître Wittgenstein dans le monde germanophone, répondit sobrement sur tous les points, tant et si bien que même un Schlick put se convaincre que ces reproches étaient largement injustifiés[8].

Schlick considérait la philosophie de Wittgenstein comme un « point tournant » de la philosophie. Quoi qu'on puisse opiner sur la question, elle constitua assurément un point tournant de la philosophie de Schlick. Ce dernier en vint même à attribuer à Wittgenstein des conceptions qu'il avait lui-même antérieurement formulées dans son *Épistémologie générale*[9]. Les propos d'un Karl Menger tranchent nettement avec un tel engouement :

> Ludwig Wittgenstein avait suffisamment d'idées de premier ordre pour influencer une foule de penseurs ; il en exprima certaines de façon assez vague pour tenir occupée une armée d'interprètes ; il changea d'idée assez souvent pour procurer de l'emploi à un tas de biographes et d'historiens ; et il les enveloppa (et sa propre personne) d'assez de mystère pour donner naissance à un culte[10].

C'est dans ce contexte que Neurath écrivait à Carnap en 1932 à propos du choix de Wittgenstein de préférer le havre de Cambridge à l'effervescence de Vienne :

> Comme ce serait chic si Wittgenstein acceptait d'être parmi nous, comme un des nôtres. On le gâterait tant, tu ne penses pas ? Mais non, il préfère jouer au bon Dieu et nous envoyer le pauvre Waismann comme prophète[11].

Ces fortes divergences d'attitude à l'égard de Wittgenstein sur le pan politique et personnel s'étendaient aussi sur le plan philosophique. En ce qui touche la métaphysique, l'anecdote nous livre l'image d'un Neurath qui, maintes fois au cours des séances du groupe, s'écrie devant la teneur métaphysique d'une thèse du *Tractatus* pour subir les regards désapprobateurs de Schlick. C'est le même Neurath qui, dans le *Manifeste* de 1929, utilise la thèse § 4.116 du *Tractatus* (« Tout ce qui peut être dit peut être dit clairement ») à fins politiques comme slogan anti-métaphysique. Il serait naïf d'y voir là une erreur d'interprétation du *Tractatus*. L'exégèse patiente que le groupe entreprit des thèses du *Tractatus* ne répondait aucunement à des exigences de fidélité à l'oracle ; l'ouvrage servait principalement de coordonnées pour fixer les idées et situer la position de chacun.

La discussion entreprise par le Cercle de Vienne des aphorismes du *Tractatus* contribua énormément à la dynamique de groupe. Les thèses du *Tractatus* qui servirent de catalyseur au passage de l'empirisme classique à l'empirisme logique s'adressaient à la nature de la logique, de l'entreprise philosophique et de l'épistémologie en particulier. Plusieurs des thèses avaient déjà été formulées ailleurs. En ce qui touche la logique, la méthode des tables de vérité visant à illustrer la signification des connecteurs logiques avait déjà été introduite par Charles Sanders Pierce au début des années 1880, et la notion de tautologie avait été développée de façon indépendante par Emil Post en 1921[12]. La thèse centrale du *Tractatus*, voulant que les connecteurs logiques « ne représentent pas », c'est-à-dire qu'ils soient uniquement des fonctions de valeurs de vérité, était due, bien sûr, à Frege. Quant à ses conceptions sur la nature des problèmes philosophiques et sur la philosophie comme critique du langage, il les avait puisées respectivement chez Hertz et chez Fritz Mauthner, dont les thèses sur le mystique et l'ineffable débouchaient également sur l'aphasie[13].

On peut également voir dans l'atomisme logique du *Tractatus* une parenté avec Boltzmann. Rappelons l'argument d'ordre mathématique dans son dialogue avec Mach. Ce dernier avait soutenu que la notion mathématique de relation fonctionnelle pouvait avantageusement se substituer en science à celle, problématique, de relation causale. Mais en envisageant des éléments simples ou des « atomes » de sensations comme domaine de ces relations fonctionnelles, Mach se serait vu forcé d'adopter lui-même une forme d'atomisme phénoménaliste. Selon le point de vue finitiste de Boltzmann, l'emploi d'équations différentielles dans l'image que nous nous faisons du monde physique comporte le présupposé d'une structure atomique, à défaut de quoi la notion mathématique de limite n'aurait aucun sens physique. Selon cette interprétation, de teneur beaucoup plus conventionnaliste que réaliste, l'atomisme était tributaire du dispositif mathématique de représentation (en l'occurrence, le calcul différentiel et intégral), et non des objets représentés. De façon analogue, l'atomisme logique du *Tractatus* est entièrement tributaire du principe de composition logique du langage en propositions atomiques et propositions complexes. Quel que soit leur niveau de complexité, la valeur de vérité des propositions composées n'est qu'une composition logique de la valeur de vérité de propositions atomiques. Nous sommes tout aussi assurés de l'existence de faits atomiques dans le monde que nous le sommes du principe d'extensionalité dans la logique des propositions. Wittgenstein n'a donc pas à produire d'exemple de « fait atomique » dans le *Tractatus*. Nous pensons le monde comme étant atomisé en raison de l'image logique que nous nous en faisons.

On a tardé, du côté de l'histoire de la philosophie des sciences, à faire un examen sérieux de la provenance de la théorie de l'image du *Tractatus*[14]. Il semble qu'effectivement, on ait commis une double erreur. D'une part, on a perçu cet ouvrage comme appartenant exclusivement à la tradition naissante initiée par Frege et Russell ; alors qu'en fait, Wittgenstein prendra souvent position contre ceux-ci sur des questions d'ordre sémantique. D'autre part, on a pensé que la théorie de l'image qui s'y retrouvait était originale ; alors que Wittgenstein l'avait puisée d'une tradition épistémologique où elle était chose commune, voire lieu commun.

Plusieurs passages du *Tractatus* attestent d'un emprunt direct à Hertz. Est-il nécessaire de reprendre les paragraphes où l'on apprend que « nous nous faisons des images des faits », que « l'image est un modèle de la réalité », que « les choses sont entre elles dans le même rapport que les éléments de l'image », que cette possibilité s'appelle « la forme de la représentation » et enfin, que la forme de la représentation est justement ce que l'image doit avoir en commun avec la réalité ? La conception que Wittgenstein se fait de l'image est celle que Hertz énonce à propos des *modèles dynamiques*, sauf que chez Wittgenstein, l'isomorphisme est pensé non pas entre les modèles, mais entre le modèle et la réalité. L'image wittgensteinienne et le modèle hertzien ont cette propriété fondamentale de posséder la même multiplicité [*Mannigfaltigkeit*] (le même nombre de variables) que ce qu'ils représentent, pour rendre ainsi possible l'isomorphisme.

Sa connaissance de la nouvelle logique permet donc à Wittgenstein de faire le développement moderne des aspects logiques de la *Bildtheorie*[15]. Wittgenstein nous dit que l'une des vues fondamentales sur le langage dans le *Tractatus* est que les « constantes logiques » ne représentent pas, c'est-à-dire que les signes logiques n'ont pas de fonction de représentation (§4.0312). Les relations logiques entre les signes ne sont pas une image des relations logiques entre les faits, car les faits n'entretiennent pas de relations logiques. La logique des faits *ne se laisse pas représenter ;* mais *elle est présente* dans l'entièreté du système de signes, elle se montre dans sa syntaxe, quand celle-ci est logique.

En ce qui concerne la philosophie des sciences, le *Tractatus* souscrit à la thèse de la sous-détermination empirique des théories scientifiques (§6.341) :

> La mécanique de Newton, par exemple, donne à la description de l'univers une forme unifiée. Figurons-nous une surface blanche couverte de taches noires irrégulières. Nous disons alors : tout ce qui ressort comme image, je puis toujours en donner une description aussi approchée que je veux, en recouvrant la surface d'un filet fin adéquat à mailles carrées et dire de chaque carré qu'il est blanc ou noir. J'aurai ainsi uniformisé la description de la surface. Cette forme unique est arbitraire, car j'aurais pu tout aussi bien me servir d'un filet à mailles triangulaires ou hexagonales et obtenir un résultat non moins satisfaisant. Il se peut que la description au moyen d'un filet à mailles triangulaires eût été plus simple : c'est-à-dire que nous pourrions décrire la surface à l'aide d'un filet plus grossier à mailles triangulaires avec plus d'exactitude qu'à l'aide d'un filet plus fin à mailles carrées (ou inversement), et ainsi de suite. À ces différents filets correspondent différents systèmes de la description de l'univers.

L'analogie existe entre tendre un filet à mailles carrées ou à mailles triangulaires sur la réalité physique, et utiliser quatre ou trois concepts primitifs pour décrire cette réalité physique. Les deux descriptions sont également possibles. *Les Principes de la mécanique* de Hertz avaient justement proposé une formulation de la mécanique à mailles triangulaires (les concepts cinétiques de position et le temps, et le concept dynamique de masse) pour construire ses « modèles dynamiques ». En quoi la mécanique, en tant qu'image de la réalité, nous informe-t-elle alors de la réalité physique ? Le fait que l'image de la mécanique sans concept de force soit tout aussi conforme aux faits que l'image newtonienne, montre à tout le moins que le concept de force ne correspond à aucun rapport essentiel dans le monde des objets externes. Ce point de vue conventionnaliste se retrouve au §6.342 où Wittgenstein parle de « la position relative de la logique et de la mécanique » :

> Ainsi, que le monde se laisse décrire par la mécanique newtonienne ne dit rien le concernant, mais qu'il se laisse *ainsi* décrire, comme c'est justement le cas, certes si. Et encore, qu'il se laisse décrire plus simplement par une mécanique que par une autre, ceci nous dit quelque chose concernant le monde.

Une fois les exigences d'adéquation logique et empirique satisfaites, il n'y a en fin de compte que l'adéquation pragmatique qui nous instruise. Il y a un sens à dire que Wittgenstein opère la logicisation de la théorie de l'image de Hertz en rendant le troisième critère d'adéquation pragmatique identique au critère d'adéquation logique.

À l'instar de Hertz, Wittgenstein accordera à la mécanique une composante *a priori* qui déploie l'espace d'états dans lequel les états de choses sont représentés. Celle-ci n'est pas encore une description du monde ; elle ne fait que fournir la conceptualité nécessaire à la description du monde – idée que l'on retrouve au §6.343. La partie *a priori* de la mécanique ne constitue qu'un plan de description ; la véritable description du monde n'apparaît que dans la partie empirique de la théorie, où les états de choses individuels sont représentés dans l'espace logique des faits et où l'on parvient, par généralisation inductive, à la formulation de lois empiriques.

Nous retrouvons dans le *Tractatus* des traces de psychologisme propre à l'ancienne tradition sur le thème de l'induction. Wittgenstein dira que « le processus de l'induction consiste dans le fait que nous admettons la loi *la plus simple* qui puisse être mise en accord avec nos expériences », et que « ce processus n'a pas de fondement logique, mais seulement psychologique » (§6.363). Sur la causalité, Wittgenstein épouse le même scepticisme humien que nous avons vu chez Mach (« La croyance à une nécessité naturelle ne prend naissance qu'à partir du moment où nos conceptions de la nature sont suffisamment adaptées pour faire concorder leurs conséquences avec les phénomènes. Mais cette hypothèse de l'adaptation suffisante de nos conceptions peut être infirmée à chaque instant pas l'expérience » – March, E., 1883 (1987) : 251). La seule chose qui appuie notre croyance du nomologique est le fait (qui n'a aucune sorte de garantie) que nous parvenions effectivement à nous créer des images adéquates. La causalité relève donc plus d'un fait transcendantal ou d'un principe d'intelligibilité du monde. Les mêmes thèses sont reprises dans le *Tractatus*. Nous ne savons pas, nous croyons seulement en la causalité et, en ce sens, les lois de la nature ne sont rien d'autre que des hypothèses générales :

> Que le soleil se lèvera demain est une hypothèse ; c'est-à-dire que nous ne savons point qu'il se lèvera (§6.36311).

Wittgenstein exprime ainsi le caractère transcendantal du principe de causalité :

> S'il y avait une loi de la causalité, elle pourrait se formuler : « Il y a des lois de la nature ». Mais à la vérité on ne peut le dire : cela se montre (§6.36).

À ces prises de position sur l'induction et la causalité s'ajoute le descriptivisme strict de Wittgenstein.

> Toute la conception moderne du monde repose sur l'illusion que les prétendues lois de la nature sont des explications des phénomènes naturels (§6.371).

À l'opposé de Duhem (pour prendre un exemple déjà mentionné) qui, dans sa « physique de croyant », s'accommodait tout autant du descriptivisme qu'il faisait de l'explication une chasse gardée de la métaphysique, Wittgenstein appliquera la même médecine à la philosophie : il n'y a pas d'explication philosophique. Carnap et lui s'entendront à dire que s'il y a une telle chose qu'une description philosophique, elle ne peut être que de nature logique. Mais cette communauté de vues entre Carnap et Wittgenstein s'estompe dès que l'on considère leur rapport respectif à Tarski, notamment en ce qui concerne la notion de métalangage et la possibilité d'une sémantique logique.

L'interprétation moderne des lois de la logique en tant que lois du langage (et non en tant que lois de la pensée) scellait l'issue d'un long combat livré à un ennemi puissant, le psychologisme. Le principe d'économie avait eu à subir les contrecoups d'un débat sur les fondements de la logique qui se solda par une défaite du psychologisme. Dans les rangs mêmes des physiciens, les approches épistémologiques de Hertz, Poincaré et Duhem avaient pris leur distance de la méthode historique. Les empiristes logiques étaient conscients des difficultés encourues par les deux pierres d'assise de l'épistémologie machienne, la méthode historique et le principe d'économie de la pensée. Ils avaient pris connaissance des récents travaux de Hertz et de Duhem dont on a vu que l'approche épistémologique délaissait la méthode historique au profit d'une méthode logique encore mal instrumentée, mais consciente de sa nécessité. Ils étaient également avertis des réflexions menées par Frege et par Husserl sur les fondements de la logique et du combat qui s'était soldé par une défaite du psychologisme et qui se terminait également par la perte de crédit épistémologique du principe d'économie de la pensée. En vue de reformuler le programme empiriste encore trop entaché de psychologisme dans la forme que lui avait donnée Mach (*L'analyse des sensations*), on mit à contribution les moyens de la sémantique logique pour précéder à *l'analyse du sens* des termes que la science utilise et des assertions qu'elle porte sur la réalité. Le programme empiriste consisterait dorénavant à démontrer qu'on peut procéder à une reconstruction logique de tous les termes et de tous les énoncés scientifiques illustrant que ceux-ci sont interprétés par voie empirique.

À la suite des travaux préparatoires de Boole, de Venn, de E. Schröder et de Peano, Frege montrait en 1879 comment l'arithmétique pouvait être transposée en une notation logique. Cette notation n'était pour Frege qu'un moyen pour une fin : l'exécution du programme logiciste, visant à asseoir les preuves mathématiques sur la notion logique de déductibilité. Mais pour le Cercle de Vienne, ce qui bouleversait tout était l'établissement de la transcription logique en elle-même et la reconnaissance qu'elle fait œuvre de clarification. Le programme empiriste n'avait que faire du programme logiciste. Si les empiristes logiques étaient bien aises d'apprendre du *Tractatus* que la logique ne dépeint rien, mais forme plutôt le cadre du tableau que nous nous faisons de la réalité, ils restaient cependant sur leur appétit quant au rôle dévolu à la mathématique dans la mise en toile du tableau scientifique du monde. C'est sur ce point et toujours sur ce point – une philosophie des mathématiques – que le Cercle de Vienne s'est mis en attente devant Wittgenstein. Malgré certaines formulations du *Tractatus* qui portent à faux, Wittgenstein ne croyait pas que les énoncés de la mathématique soient tautologiques, et Carnap ne s'y est pas trompé[16]. Le point de vue logiciste dans les débats d'alors sur les fondements n'était pas ce dont l'épistémologie recherchée avait besoin ; réduisant la mathématique à la logique, il la dérobait de sa fonction constitutive dans l'élaboration des théories scientifiques. L'intuitionnisme défendu par Brouwer allait à contre-courant de l'émancipation de l'intuition qu'avait couronné l'avènement de la géométrie moderne. Quant au point de vue formaliste, il n'était encore d'aucun secours à la problématique empiriste ; une possible alliance avec le constructivisme était par ailleurs entrevue par Carnap. Dans ces mêmes années, c'est-à-dire autour des années 1930, Wittgenstein travaillait à une quatrième voie (outre les points de vue logiciste, intuitionniste et formaliste) aux fondements des mathématiques. Lors du colloque sur les fondements des mathématiques et de la mécanique quantique, tenu à Königsberg en 1930, Carnap présenta le point de vue logiciste associé aux noms de Frege et de Russell ; Arend Heyting, le point de vue intuitionniste inauguré par Brouwer ; et Johann von Neumann, le point de vue formaliste à l'exemple de la théorie de la démonstration promulguée par Hilbert. Waismann avait pour mission de présenter un quatrième point de vue, celui de Wittgenstein. On peut difficilement se faire une opinion de ce point de vue qui perdurait dans son état d'ébauche. Waismann ne parvint jamais à soumettre un manuscrit pour publication des actes dans la revue *Erkenntnis* (vol. 2, 1931) en raison, semble-t-il, des constants changements d'humeur et d'opinion de son maître. Si l'on se fie au procès-verbal de la période de discussion, ce point de vue étendait le vérificationnisme au domaine des mathématiques : « La signification d'un concept mathématique est déterminée par son mode d'emploi ; la signification d'un théorème mathématique est la méthode de sa vérification[17]. » Comme l'indique Mathieu Marion, cette « quatrième voie » et « nouvelle perspective » ne fut jamais élaborée plus avant (ni par Wittgenstein, ni par Waismann) et elle sombra d'autant plus dans l'oubli que l'annonce à Königsberg des résultats de Gödel monopolisa l'attention[18]. Le clou de la conférence fut effectivement la communication de l'étudiant de Karl Menger, Kurt Gödel, qui présenta pour la première fois ses célèbres preuves sur la complétude du calcul des prédicats et l'incomplétude de tout système formel apparenté aux *Principia Mathematica* de Whitehead et Russell.

Pour conclure sur la philosophie des mathématiques du *Tractatus*, soulignons que selon Wittgenstein, il n'y a pas de pensée mathématique : « Une proposition mathématique n'exprime pas de pensée » (*Tractatus*, § 6.21). Cela porte préjudice à l'intérêt que pouvait représenter la philosophie des mathématiques du *Tractatus* en regard du nouvel empirisme recherché. Le Cercle de Vienne cherchait à déployer un point de vue épistémologique qui embrasse la physique mathématique et qui accorde aux mathématiques une fonction qui soit proprement constitutive sur le plan cognitif, et non simplement instrumentale (Mach) ou opératoire (Wittgenstein).

L'impact du conventionnalisme

L'entrecroisement déjà noté de diverses influences est particulièrement perceptible en ce qui concerne l'impact du conventionnalisme sur le Cercle de Vienne. Philipp Frank a témoigné de l'importance accordée au conventionnalisme français dans les discussions du « premier » Cercle de Vienne[19]. Frank devait affirmer plus tard que la venue à maturité de l'épistémologie de groupe du Cercle de Vienne provint essentiellement de l'intégration des conceptions de Poincaré au descriptivisme anti-métaphysique de Mach :

> Pour résumer les deux points de vue en une seule phrase, on pourrait dire que selon Mach, les principes généraux de la science sont des descriptions abrégées et les plus économiques possible des faits observés, et que selon Poincaré, ils sont de libres créations de l'esprit humain qui ne disent rien des faits observés. La tentative d'intégrer ces deux conceptions en un seul système cohérent est à l'origine de ce qui fut plus tard appelé l'empirisme logique[20].

De façon générale, ce sont les travaux de Poincaré sur les fondements de la géométrie et sur le principe de relativité en physique qui auront le plus suscité l'intérêt de Schlick, de Frank, de Carnap et de Reichenbach. L'influence de Poincaré sur le Cercle de Vienne s'amenuisera au fur et à mesure que la tradition naissante de la métamathématique viendra relayer la tradition épistémologique des savants-philosophes inaugurée par Helmholtz. La réception réservée au conventionnalisme sémantique de Poincaré (comme au conventionnalisme méthodologique ou holisme de Duhem) s'accomplira éventuellement à travers le prisme des travaux de Hilbert sur les fondements axiomatiques de la géométrie et ceux d'Einstein en relativité restreinte et générale. Le Cercle de Vienne constitué autour de Schlick puisera dans les méthodes et concepts des nouvelles recherches axiomatiques les outils qui lui permettront de définir une approche épistémologique qui puisse à la fois prendre en compte le rôle constitutif et médiateur des mathématiques en science, et établir l'adéquation de la théorie générale de la relativité d'un point de vue empiriste. L'évaluation de l'influence des thèses conventionnalistes en tant que telles demeurera donc provisoire en attente d'une analyse des retombées qu'ont pu avoir Hilbert et Einstein sur la problématique empiriste logique.

L'une ou l'autre des épistémologies empiristes et rationalistes peuvent aisément intégrer une bonne dose de conventionnalisme. Par ailleurs, le conventionnalisme forme une alliance naturelle avec le descriptivisme. Le point de vue selon lequel la science a pour unique tâche de décrire le monde est plus sensible au pluralisme théorique et aux questions de langage que ne l'est le point de vue auquel il s'oppose, celui qui tient que la science doive aussi expliquer le monde. L'épistémologie de Mach offrait d'ailleurs au premier Cercle de Vienne un excellent exemple de complémentarité entre conventionnalisme et descriptivisme : le principe d'économie de la pensée, auquel se substituera éventuellement un principe logique d'économie des entités postulées par la science, vient encadrer notre liberté d'arrêter nombre de conventions dans notre description des phénomènes naturels.

On a vu comment le principe d'économie de la pensée eut à subir les contrecoups de la critique du psychologisme. Nous aurons plus loin l'occasion de voir comment la méthode axiomatique promulguée par Hilbert fut perçue comme un moyen de maintenir ce principe sans en accepter la version originale de Mach. Le conventionnalisme permettait déjà d'éviter le psychologisme en posant ce même principe en termes d'économie des moyens d'expression utilisés par la science pour remplir sa tâche descriptive.

Si l'on s'en tient à l'alternative que pouvaient représenter pour le premier Cercle de Vienne les approches de Mach et de Poincaré, on peut dégager deux points d'ordre épistémologique général sur lesquels l'empirisme logique, dans le premier cas, préférera Poincaré à Mach, et dans le second cas, ira plutôt dans la direction empruntée par Mach.

Le premier point touche à la relation qui existe entre connaissance commune et connaissance scientifique. Pour Mach, la science est la continuation de la même systématisation de l'expérience, condensée et symbolique, à laquelle les hommes procèdent spontanément durant toute leur histoire et qu'exprime l'organisation conceptuelle. La connaissance comme fait biologique équivaut à une fraction de l'activité pratique, à des réponses d'adaptation de l'organisme à la totalité des conditions d'existence. La science se développe d'abord en obéissant à des visées pratiques, puis elle s'affranchit peu à peu de ce défaut : mais il n'y a pas rupture au sens où, par exemple, Bachelard le concevra :

> Si on jette un regard en arrière, on voit que le progrès scientifique est dû à une correction continue de la pensée vulgaire[21].

Poincaré, pour sa part, conçoit l'objet de science comme étant d'emblée mathématisé. Pourtant, il critiquera Édouard Le Roy lorsque ce dernier affirmera que « la science crée le fait ». Pour Le Roy, la science crée effectivement le fait scientifique, mais non le fait brut. Le fait brut n'appartenant pas à la science, celle-ci n'a donc affaire qu'à des faits de sa propre composition. Pour Poincaré, le fait brut n'est pas en dehors de la science, puisque le fait scientifique, tout créé qu'il soit par le savant, n'est que la traduction du fait brut. Un fait scientifique résulte de l'insertion d'un fait brut dans un réseau de concepts échafaudé par la théorisation scientifique ; il ne sera jamais, nous dit-il, « que le fait brut traduit dans un autre langage » (Poincaré, H., 1905 : 158). Cette façon de concevoir le rapport entre connaissance commune et connaissance scientifique comme une différenciation de niveau de langage est évidemment plus proche de l'empirisme logique.

Le second point concerne un thème cher à Poincaré, pour qui il existe une hiérarchie des sciences au faîte de laquelle se situe l'arithmétique comme théorie mathématique de base. Poincaré s'oppose, bien sûr, à toute réduction logiciste des mathématiques qui aurait pour effet de démontrer le caractère analytique (au sens kantien) des énoncés de la mathématique. L'arithmétique, qui est basée sur le principe d'induction qui a valeur de synthétique *a priori*, est la première science synthétique qui procure une extension de la connaissance. Vient ensuite la théorie des nombres réels et le continu, puis la géométrie, puis les lois fondamentales de la mécanique, où l'on assiste à une importance croissante du rôle des conventions.

On retrouve chez Mach la conviction contraire, acquise dès sa formation et justifiée par ses premières approches scientifiques : aucune science, en raison de son caractère approché, ne peut fonder les autres. La physique n'a aucune prééminence sur les autres sciences de la nature, ni les sciences de la matière sur celles de la pensée. Quant aux mathématiques, on a vu que Mach minimisait le rôle qu'elles jouent dans les sciences de la nature : elles n'étaient pas constitutives et médiatrices, elles n'intervenaient que comme économie de pensée. Sur ce point, l'empirisme logique abondera dans le sens de Mach sous un double aspect. La constitution du monde entreprise par Carnap dans l'*Aufbau* s'érigera sur une base phénoménaliste de vécus élémentaires, bien que la nature conventionnelle de ce choix y soit explicitement formulée. Éventuellement, et suite à un long débat où les conceptions de Neurath en vinrent à prévaloir, on considéra que le choix d'un langage physicaliste (dont les référents sont des objets physiques déjà constitués) était plus adéquat eu égard au caractère intersubjectif que doivent posséder les énoncés de la science. Ce choix est donc justifié par des considérations d'ordre pragmatique et ne répond nullement à quelque désir de fonder la science sur une forme moderne de matérialisme. Le principe de tolérance de Carnap, qui sera déjà présent dans l'*Aufbau* et qui sera formulé de façon définitive dans la *Syntaxe logique du langage*, est éloquent sur ce point.

Mentionnons enfin un troisième volet des conceptions épistémologiques générales de Poincaré qui sera maintenu par Carnap. Ce que d'aucuns ont appelé le *réalisme structurel* de Poincaré est résumé par le passage suivant :

> Ce que [la science] peut atteindre, ce ne sont pas les choses elles-mêmes, comme le pensent les dogmatistes naïfs, mais seulement les rapports entre les choses ; en dehors de ces rapports, il n'y a pas de réalité connaissable[22].

La position structuraliste qu'adopte Poincaré quant à la possibilité d'atteindre à une connaissance objective des choses est en continuation directe avec le réalisme nomologique de Helmholtz. L'image que nous présente la science de la réalité n'est fidèle que dans la régularité qu'elle extirpe du monde phénoménal et qui reflète « le règne des lois » qui prévaut dans le domaine du réel. C'est à ce niveau nomologique, uniquement, que notre représentation du monde atteint à l'objectivité. Carnap reprendra le même point de vue structuraliste dans l'*Aufbau*, dont la thèse principale est que tous les énoncés scientifiques sont des énoncés structuraux.

Ces conceptions épistémologiques d'ordre général ont accompagné plus qu'elles n'ont orienté la problématique empiriste logique. C'est sur le plan des fondements de la géométrie que l'influence de Poincaré fut la plus déterminante. Les conceptions de Poincaré s'éclairent si on les contraste avec celles de Helmholtz.

Sur le plan philosophique, Poincaré s'opposait à l'approche empiriste de Helmholtz qui avait analysé « les faits qui fondent la géométrie » ; mais il n'en partageait pas moins une approche analytique fondée sur la théorie des groupes. Helmholtz concevait une constitution kinesthésique de la spatialité : je bouge, je vois que ma perception des objets s'altère de manière réitérable, et je construis par expérimentation sur les mouvements volontaires de mon corps une série d'impressions que j'organise de manière inconsciente et que j'ordonne ensuite en géométrie. Les axiomes de la géométrie euclidienne ne sont pas imposés par la forme de notre intuition en général, et ne doivent donc pas être considérés comme des énoncés transcendantaux au sens de Kant ; seule la spatialité en général est une forme transcendantale, c'est-à-dire une forme requise pour que notre appréhension des objets soit possible. Comme le note Catherine Chevalley,

> Helmholtz considère l'apparition des géométries non-euclidiennes comme l'indice qu'il est nécessaire de modifier le concept kantien d'*Anschauung* et de libérer la « construction des concepts » caractéristique des mathématiques de toute restriction à une spatialité tridimensionnelle dont la genèse est en réalité empirique[23].

Les études antérieures sur la géométrie d'Euclide avaient déjà souligné certains supposés implicites aux définitions originales. Entre autres, la définition euclidienne de l'égalité de deux figures géométriques, à savoir qu'elles sont égales si elles coïncident lorsque superposées, présuppose en premier lieu qu'il est possible de déplacer ces figures et, en second lieu, qu'il est possible de le faire sans qu'elles se déforment. C'est à partir de l'expérience que nous faisons des corps rigides et de leur libre mobilité que nous construisons notre géométrie[24].

Motivé par ses recherches sur la perception visuelle de l'espace, Helmholtz avait étudié la question de savoir sur quels faits repose notre construction géométrique de l'espace, que cette construction soit euclidienne ou non euclidienne[25]. Il en était arrivé aux résultats suivants :

I. L'espace à *n* dimensions est une variété *n*-dimensionnelle (au sens de Riemann). Dans un tel espace, le lieu de tout point est déterminé par la mesure de *n* grandeurs indépendantes qui sont des fonctions continues ;

II. Il existe des corps rigides déplaçables qui permettent de définir la notion de congruence ; il existe donc une équation qui exprime une relation constante entre les coordonnées de deux points d'un corps rigide et qui est identique pour des paires de points congruents ;

III. Les corps rigides ont une complète mobilité : tout corps peut passer librement et de façon continue d'une position à une autre dans l'espace ;

IV. La rotation dans une direction d'un corps rigide le ramène à sa position originale.

Riemann avait obtenu de résultats analogues de façon indépendante[26]. Son approche montrait comment construire différentes géométries métriques à partir de la notion de distance. Chacune de ces géométries peut être axiomatisée par les différentes notions de distance respectives. On peut établir les géométries métriques en utilisant uniquement les notions de point et de distance comme notions primitives. Par exemple, en géométrie euclidienne, on peut définir que la mesure de distance est additive : $d(p, q) + d(q, r) = d(p, r)$. On utilise le théorème de Pythagore pour déterminer qu'une ligne droite est perpendiculaire à une autre droite. On peut alors choisir trois perpendiculaires comme axes, leur intersection constituant l'origine des axes. On assigne alors des coordonnées aux points en utilisant la distance de cette origine. Un espace métrique est un ensemble de points doté d'une métrique, c'est-à-dire d'une fonction de distance définie sur cette collection.

Riemann a également montré comment introduire des métriques qui donnent lieu à des géométries différentes des géométries euclidienne, sphérique, hyperbolique et elliptique. Sophus Lie a par la suite obtenu des résultats plus précis et plus rigoureux en délaissant la terminologie intuitive de corps rigides au profit de la notion de *transformations continues qui préservent la congruence*. Lie a démontré que ce qui dans ces résultats correspondait aux axiomes d'Helmholtz incluait les quatre géométries métriques usuelles et excluait toutes les autres.

Poincaré avait souligné que la notion de corps rigides était une abstraction et non un fait empirique ; à strictement parler, il n'y a pas de corps rigides dans la nature, car les corps sont toujours soumis aux diverses forces physiques. Il est impossible d'ériger une géométrie sur la base du comportement des corps sans auparavant avoir formulé la théorie des forces physiques qui agissent sur ces corps. Or la détermination des lois physiques présuppose les lois du mouvement, et ces dernières présupposent en retour une théorie de l'espace. Il faut d'abord se fixer sur une géométrie avant de formuler les lois physiques. Pour Poincaré, la solution consistait à fixer une géométrie par convention qui puisse être utilisée dans la mesure et la vérification des lois de force. On peut dire que la théorie de la relativité donne raison à Poincaré contre Helmholtz sur ce point. Nous verrons cependant sous peu comment la théorie générale de la relativité mettra en question la conception de Poincaré selon laquelle il serait toujours possible de fixer par convention une géométrie physique euclidienne.

Quant à la philosophie des mathématiques de Poincaré, elle n'était d'aucun secours au Cercle de Vienne dans la mesure où ce dernier avait recours à la catégorie kantienne du *synthétique a priori* pour caractériser le statut épistémologique du principe d'induction complète qui est à la base de l'arithmétique. Le principe d'induction est déjà à l'œuvre dans la définition du nombre et il repose sur une intuition fondamentale qui est l'apanage de la pensée mathématique.

Rappelons-nous les liens qui existent pour Poincaré entre la géométrie et la mathématique. Poincaré place la notion de groupe à la source de nos connaissances géométriques ; l'organisation de l'espace est reliée à la formation de groupes de déplacements. Le groupe est une notion algébrique et donc de nature arithmétique. Cette notion de groupe est *a priori* et repose en fait sur la notion de continu mathématique (une géométrie pouvant être considérée comme un continu sur lequel on a défini une métrique) qui, elle aussi, est entièrement créée par l'esprit même si c'est l'expérience (le continu physique) qui en est l'assise. Si mathématique et géométrie partagent cet apriorisme, elles n'en ont pas moins un statut épistémologique différent. Bien qu'il considère que les axiomes de la géométrie soient des définitions déguisées des termes primitifs qu'ils contiennent, les axiomes de l'arithmétique ne comportent pas pour Poincaré cette part de convention qui est le lot des axiomes de la géométrie. C'est dire que les axiomes de l'arithmétique (disons les axiomes de Peano) ne peuvent agir comme définition de la notion de nombre naturel, comme le font les axiomes de la géométrie de façon déguisée pour les notions géométriques fondamentales. L'argument de Poincaré à cet effet est que pour considérer qu'un système axiomatique serve de définition aux termes primitifs qu'il contient, on doit pouvoir prouver qu'il est consistant. Or dans le cas de la géométrie, il existait des preuves de consistance des géométries non euclidiennes, relativement à la géométrie euclidienne (c'est-à-dire que si la géométrie euclidienne est consistante, alors les géométries non euclidiennes le sont aussi). En retour, Hilbert a pu prouver la consistance de la géométrie euclidienne relativement à l'arithmétique (des réels, et non des nombres naturels). D'autre part, il n'existe aucune preuve de la consistance de cette arithmétique[27]. Selon

Poincaré, une preuve de consistance de l'arithmétique impliquerait une pétition de principe : une telle preuve ne pourrait en effet qu'être récursive, utilisant donc un principe d'induction. C'est ici qu'on touche au point névralgique de l'anti-logicisme de Poincaré : un fondement logique à l'arithmétique (qui repose sur le principe d'induction) devrait avoir recours à un principe d'induction. C'est pourquoi il propose de considérer ce principe comme synthétique (non analytique, non réductible à la logique) *a priori*[28].

Les travaux de Gödel, ultérieurs au décès de Poincaré, permettent d'établir un jugement sur la question. Est-il vrai que toute preuve de consistance de l'arithmétique impliquerait une pétition de principe ? On peut répondre par l'affirmative au sens intuitif, et par la négative dans un sens formel. Sur le plan intuitif, ce ne serait pas une pétition de principe au sens que la preuve serait circulaire, mais sans doute au sens où la preuve utiliserait un principe non préalablement établi. Sur le plan formel, les travaux de Gödel en 1930 ont montré que l'utilisation de l'induction dans une preuve de consistance de l'arithmétique ne constituerait pas un cercle vicieux au sens où la conclusion est utilisée dans la preuve de la conclusion. La distinction entre théorie et métathéorie est ici le point névralgique : la conclusion d'une preuve (utilisant le principe d'induction) de consistance de l'arithmétique serait un métathéorème qui ne serait ni identique au principe d'induction, ni ne l'impliquerait logiquement.

Nous aurons bientôt l'occasion de reprendre la question de savoir sous quelles conditions (en plus de la consistance) un système d'axiomes peut agir en tant qu'ensemble d'axiomes définissants.

La méthode axiomatique

Si la critique du psychologisme avait fait fonction utile en indiquant au Cercle de Vienne les voies à éviter (dont celles de Mach) dans l'analyse épistémologique et si la réinterprétation conventionnaliste de l'*a priori* kantien pointait déjà à l'horizon, la refonte souhaitée du programme empiriste n'en était pas pour autant exécutée. Le conventionnalisme sémantique de Hertz et Poincaré avait dirigé l'attention sur l'étude de systèmes de représentation où la signification des termes est fixée par voie de postulats. Or dès que l'on considère des significations postulées plutôt que de significations héritées, on entre de plain-pied dans l'étude des langues formelles (ou construites). C'est essentiellement en adoptant la méthode axiomatique formelle mise au point par le grand mathématicien de Göttingen David Hilbert (1862-1943) que l'épistémologie viennoise accomplit le passage de l'*analyse* à la *construction*.

Indiquons d'abord sommairement les rouages de cette méthode à l'intérieur des conceptions hilbertiennes sur les fondements des mathématiques.

Dans un programme qui porte son nom, Hilbert se proposa de faire l'investigation approfondie de la notion de démonstration (ou preuve) en mathématiques[29]. Ce programme donna lieu à une nouvelle discipline logique, la *théorie de la démonstration*, qui constitua le volet syntaxique de la problématique des fondements – le volet sémantique étant développé par la *théorie des modèles*. Hilbert visait à obtenir une preuve de consistance de l'arithmétique tout en obéissant à des préceptes épistémologiques qui se réunissent sous le nom de *finitisme* : il s'agissait de restreindre les moyens de preuve à des procédés en deçà du transfini et qui n'impliquent pas l'existence de l'infini actuel. La méthode axiomatique est partie prenante de ce programme. La voie entrevue était d'assurer par des moyens finis le droit d'opérer avec l'infini.

Cette vigilance à l'égard de l'infini avait été suscitée par les critiques de Kronecker, de Poincaré, de Weyl et de Brouwer contre l'infini actuel, et la question de savoir si les règles ordinaires de la logique (telle la loi du tiers exclu) peuvent être appliquées à des collections comprenant un nombre infini d'objets. La méthode axiomatique (ou formelle) était généralement considérée comme un affranchissement de l'intuition ; la réduction de la géométrie à l'arithmétique révélait à souhait que cette première n'était pas liée à notre intuition de l'espace (qu'il s'agirait d'analyser), mais à notre construction conceptuelle de l'espace. De même, Hilbert tenait originalement que l'arithmétique ne pouvait se fonder sur une quelconque intuition directe, pas plus qu'elle ne pouvait reposer sur des fondements logicistes. On a vu que pour Poincaré, le principe d'induction complète ne pouvait se justifier par la logique et seulement par un appel à l'intuition. Hilbert en vint à rejoindre partiellement les points de vue de Kronecker et de Poincaré et à assigner à l'intuition et à l'axiomatisation un rôle complémentaire dans le cadre de la théorie de la démonstration. À partir des années

1920, Hilbert reconnaît la nécessité de faire appel à une saisie intuitive de la suite des nombres. Cette intuition s'exerce sur un donné concret, fini, immédiat et sensible (des suites et des configurations finies de symboles, faisant l'objet d'opérations arithmétiques) et elle constitue un premier stade qui sera intégré dans la théorie mathématique des nombres entiers. Comme l'exprime Sinaceur, il y a une construction intuitive du nombre entier (comme objet de théorie formelle), mais non pas une construction dans l'intuition :

> La logique du fini procède intuitivement, c'est-à-dire, précise Hilbert, que les formules obtenues [...] correspondent à des pensées qui « peuvent aussi être obtenues sans aucun axiome, par considération directe et contentuelle de totalités finies ». Ainsi, l'intuition [*Anschauung*], mode d'accès direct aux totalités finies, s'oppose à l'axiomatique, mode d'accès indirect, et formel en ceci qu'on raisonne sur des axiomes définissant des propriétés d'ensembles au lieu de raisonner sur les ensembles eux-mêmes. Cette opposition n'a évidemment lieu que pour les pensées qui peuvent être obtenues intuitivement, car, pour celles qui ne le peuvent pas, rien *a priori* ne contrebalance l'exercice de la méthode axiomatique. Celle-ci offre justement un accès aux totalités infinies, comme l'ensemble des nombres entiers ou celui des nombres réels, qui ne peuvent être d'un coup présents au regard. Cet accès indirect a ceci de remarquable que ses moyens sont, *à première vue*, finis : les axiomes sont en nombre fini et un théorème est obtenu à partir des axiomes par un nombre fini d'inférences. L'axiomatisation ne quitte pas le terrain du fini pour décrire des ensembles extensivement infinis. [...]
>
> Là où l'intuition fait défaut, c'est-à-dire lorsque l'on considère des totalités infinies, la théorie de la démonstration entre en scène pour seconder l'axiomatique (qui pallie ce défaut). Elle analyse – et de ce fait elle « fonde », garantissant sa « sûreté » [*Sicherheit*]) – le principal outil de la méthode axiomatique : la démonstration. Ainsi, la théorie de la démonstration perfectionne et complète l'œuvre critique de l'axiomatique, dont elle constitue la « dernière pierre ». Il n'est plus suffisant en effet de dire qu'axiomes et inférences sont en nombre fini pour en conclure que la maîtrise de l'infini par le fini est atteinte. Il faut faire un pas de plus, considérer la structure syntaxique des axiomes et des règles d'inférence, et montrer comment on peut autoriser la quantification à porter sur des domaines infinis. Il faut, en somme, répondre à la question de Poincaré, et montrer que les démonstrations permises par les règles logiques habituelles, en particulier celle du tiers exclu et de la négation d'une assertion universelle, ne conduiront jamais à une contradiction. Pour que cette preuve ne soit pas elle-même exposée à la contestation, elle doit, sur le

> plan métamathématique qui est le sien, ne pas décoller de l'intuition et ne pas se servir de moyens autres que ceux du fini. Il faut *à la fois* « étendre la logique du fini » en introduisant des axiomes logiques du transfini, et *restreindre* les moyens par lesquels on démontre que cette extension n'ouvre pas la porte aux contradictions[30].

On nous pardonnera cette longue citation, car elle explique lucidement et résume admirablement autant ce qui oppose Poincaré à Hilbert, que ce qui motive ce dernier à fonder la théorie de la démonstration. Ce n'est pas tant la position formaliste de Hilbert sur les fondements des mathématiques que la méthode axiomatique qu'elle comporte qui influença le Cercle de Vienne. Hilbert en avait rodé les mécanismes dans son ouvrage sur les *Fondements de la géométrie*[31]. On se rappelle que Poincaré avait qualifié les axiomes de la géométrie de « définitions déguisées ». En tant que définitions, elles étaient le fruit de postulations et possédaient un caractère *a priori* qui fait qu'elles ne reposaient pas sur l'expérience. Mais puisqu'elles prenaient la forme d'axiomes, elles avaient l'apparence d'énoncés à caractère nomologique (exprimant des lois de la nature) et contingent. D'où leur apparence d'énoncés synthétiques *a priori*. En vérité, le fait qu'elles ne reposent pas sur l'expérience (qu'elles ne soient pas *a posteriori*) ne signifient pas qu'elles soient *a priori* au sens kantien : ce sont plutôt des conventions. Cette notion plutôt métaphorique de définitions déguisées a trouvé son expression précise dans le cadre des recherches axiomatiques menées par Hilbert sur les fondements de la géométrie : il s'agit de *définitions axiomatiques* ou d'*introduction de nouveaux termes par voie axiomatique*. Le procédé est aussi connu sous le vocable de « définition implicite ». De façon intuitive, il consiste à interpréter (en bloc) tous les termes non logiques qui apparaissent dans un énoncé en postulant la validité de cet énoncé : ces termes doivent être interprétés de telle façon que l'énoncé est vrai.

On peut ici décrire sommairement le cadre méthodologique général dans lequel s'insèrent les mécanismes dont il est question. Notons de prime abord que c'est au chapitre de la définissabilité que la logique traite de ces questions. Sur le plan intuitif, le simple fait que l'on définit des mots par d'autres mots indique déjà qu'on ne peut définir tous les mots en respectant l'exigence de non-circularité. Une façon de briser ce cercle herméneutique est d'introduire une distinction, dans le vocabulaire d'un langage donné, entre le *primitif* et le *défini*. Les termes primitifs, qui sont les termes de départ, ne sont pas définis ; alors que les autres termes, les termes définis, le sont justement sur la base du vocabulaire primitif. Cette distinction, qui ne prend sens que dans le cadre des langages formels (ou construits), induit une structure conceptuelle sur un langage donné au sens où elle détermine les interrelations existant entre les différents termes qu'il utilise. Un langage comportant, par exemple, les notions de temps, de distance, de vitesse et d'accélération pourrait utiliser *temps* et *distance* comme notions primitives, et *vitesse* et *accélération* comme notions définies sur la base des deux premières. Ces quatre notions ne sont donc pas sur un même pied et les notions définies sont, dans un certain sens, éliminables au profit des notions primitives. Notons que le choix du vocabulaire primitif et défini est d'ordre conventionnel. On pourrait tout aussi bien prendre temps et accélération comme notions primitives et introduire distance et vitesse comme notions définies. Un point de vue naïf consisterait à exiger des notions acceptées sans définitions qu'elles soient de celles qui vont de soi, qui sont évidentes ou qui sont « claires et distinctes » ; mais ce point de vue est non seulement obsolète sur le plan épistémologique, il est étranger au point de vue de la théorie moderne de la définition.

Ce que nous venons de dire sur les définitions vaut autant pour les preuves. Le simple fait que l'on prouve des énoncés par d'autres énoncés indique aussi qu'on ne peut pas tout prouver. Une distinction est ainsi introduite, dans langage pourvu d'une structure logique, entre l'*axiome* et le *théorème*. Les axiomes, qui sont les énoncés de base, ne sont pas prouvés ; alors que les théorèmes sont justement ceux qui sont prouvables sur la base des axiomes. Si la formalisation induisait une structure conceptuelle sur un langage donné, l'axiomatisation de son côté induit une structure logique sur une théorie donnée au sens où elle détermine les interrelations existant entre les différentes affirmations qu'elle porte. Ici encore, les recherches sur les systèmes axiomatiques formels ont démontré que plusieurs ensembles d'axiomes différents peuvent recouvrir un même domaine d'énoncés dérivables. Les premiers exemples portèrent sur différentes axiomatisations équivalentes de la logique des énoncés pouvant générer par voie de déduction tous les énoncés logiquement vrais. De même, la question du choix des axiomes fait entièrement fi de la notion (psychologique) d'évidence ; les axiomes d'un système donné ne sont pas choisis en raison de leur caractère évident, mais en raison de leurs propriétés formelles. L'esprit axiomatique jouit d'une entière liberté à l'intérieur de contraintes purement formelles, telles que l'indépendance des axiomes, leur consistance, leur adéquation, leur complétude, etc.

La méthode axiomatique peut aussi être appliquée à la détermination des notions primitives d'un langage. Si les termes primitifs d'un langage ne peuvent être introduits sur la base de termes préexistants, leur signification peut cependant être déterminée à l'aide d'un axiome exprimant la relation théorique qui existe entre eux. Puisque se trouvent ainsi déterminés uniquement les rapports qui existent entre ces notions primitives, on peut considérer ce mode d'interprétation comme uniquement formel ou structurel (ce qui seul importe dans le cas des théories logico-mathématiques).

C'est un résultat généralement acquis de la philosophie des sciences que la formation des concepts et l'édification des théories vont de pair. Le mode de définition par voie axiomatique représente à la fois une prise en compte directe et une radicalisation de ce point de vue en posant l'identité entre ces deux processus : ce sont les axiomes de la théorie qui déterminent à la fois l'interprétation de ses termes et l'ensemble (clos sous la déduction) de ses assertions.

On a conservé l'expression *définition implicite* (qui remonte à Gergonne) pour qualifier ce mode d'interprétation, mais on aurait tout aussi bien pu utiliser l'expression *interprétation théorique*, puisque le travail heuristique est accompli à même les axiomes de la théorie. Un exemple bien connu d'un tel mode d'interprétation est celui de l'axiomatisation formelle des axiomes de Peano définissant les nombres naturels. Considérés comme axiomes définissants, ils stipulent qu'ils sont vrais de ces entités visées qu'on appelle des nombres naturels. À la question : « Que sont les nombres naturels ? », il faut répondre que les nombres naturels sont cette sorte d'entités qui satisfont aux axiomes de Peano ou, en d'autres termes, qui rendent ces axiomes vrais.

Cependant, la question se pose de savoir si ces axiomes parviennent à caractériser les nombres naturels de façon univoque. Nous avons mentionné plus haut que de telles définitions par voie axiomatique, en stipulant les rapports qui existent entre divers concepts primitifs, ne caractérisent en fait que la structure qu'ils forment. Nous verrons plus loin qu'une telle approche est tout à fait en accord avec un point de vue structuraliste selon lequel les concepts sont entièrement et exclusivement déterminés par les relations qui existent entre eux. La question de l'univocité de cette détermination a cependant trouvé une réponse négative. L'avènement de la sémantique logique a mis au jour des liens systématiques entre la notion d'isomorphisme ou identité structurelle, et celle de monomorphisme ou catégoricité des systèmes formels qui caractérisent ces structures.

En premier lieu, il est acquis que tout système axiomatique formel du premier ordre ne peut caractériser une structure unique, ne peut déterminer un seul modèle ; il détermine plutôt une classe de modèles possédant la même structure. L'expression technique veut que de tels systèmes déterminent leur modèle visé à un isomorphisme près. Sur le plan intuitif, ce résultat correspond pour ainsi dire au principe de l'identité des indiscernables : un ensemble d'axiomes caractérisant une structure n'est pas à même de discerner entre des structures identiques, même si ces structures sont composées d'éléments différents. Il se pourrait que les axiomes de Peano décrivent également d'autres sortes d'entités que les nombres naturels, mais ces entités entretiendraient des rapports identiques à ceux qui existent entre les nombres naturels. À l'instar de Peano, Dedekind croyait que les axiomes de l'arithmétique définissaient implicitement les termes arithmétiques primitifs ; mais Dedekind aurait identifié l'ensemble des nombres naturels à ce qui est commun à tous les ensembles simplement infinis.

De façon générale, les axiomes d'une théorie formelle déterminent donc non pas un modèle, mais une classe de modèles. On dit d'une théorie qu'elle est catégorique si tous ses modèles sont isomorphes. Or on a pu prouver qu'en général, c'est-à-dire pour toute théorie comportant l'arithmétique élémentaire, il existera toujours des structures qui sont des modèles de la théorie, mais qui ne sont pas isomorphes aux modèles visés. Ce résultat, qui fait d'ailleurs intervenir des considérations portant sur la cardinalité des structures (le nombre d'éléments de leurs domaines), prend le nom de « problème de la caractérisation », tel qu'exprimé par Skolem qui avait déjà démontré le défaut de catégoricité de l'axiomatisation de la théorie des ensembles. Aucune théorie formelle comportant l'arithmétique élémentaire ne peut avoir pour seul modèle un modèle dont le domaine est l'ensemble des nombres naturels. Du point de vue sémantique, ce résultat représente une limitation interne significative de l'approche formelle. La formalisation recrée axiomatiquement les notions intuitives de successeur, d'addition et de multiplication, mais les propriétés définissantes ne parviennent pas à les caractériser de façon exhaustive.

Contrairement à l'existence de modèles multiples, la présence de modèles non isomorphes, ou non visés, pose un véritable problème à la méthode de la définition implicite. À la question de savoir si les axiomes de Peano donnent une caractérisation adéquate des nombres naturels, la réponse est qu'ils décrivent également des structures non identiques à celle que forme la structure des nombres naturels.

Ce résultat apporte un appui posthume, pour ainsi dire, à Poincaré qui refusait de considérer les axiomes de l'arithmétique en tant que définitions implicites des nombres naturels. On a vu à la fin de la dernière section que Poincaré utilisait l'absence de preuve de consistance de l'arithmétique comme argument contre cette conception. On pourrait évoquer le défaut de catégoricité de tout système formel à même d'incorporer l'arithmétique pour réfuter la conception voulant que les nombres naturels soient adéquatement définis par voie axiomatique.

Pour quitter les rapports qui relient l'empirisme logique à Poincaré et aborder ceux qui le lient intimement à Hertz, indiquons d'abord comment ce dernier avait déjà ouvert la voie à la méthode axiomatique comme moyen d'élaborer un nouvel empirisme qui soit à la fois cohérent et à même d'intégrer descriptivisme et conventionnalisme. La notion d'isomorphisme traitée ci-dessus avait déjà été entrevue par Hertz dans ses *Principes de la mécanique*. La théorie helmholtzienne de l'image, qu'il reprenait et améliorait, formulait la condition fondamentale que devait remplir tout système sémiotique apte à remplir la fonction descriptive de la science. Nous reprenons en entier un passage des *Principes* que nous avons déjà cité en partie :

> Nous nous faisons des images artificielles intérieures ou des symboles des objets extérieurs, et la forme que nous leur donnons est telle que ce qui découle nécessairement des images dans la pensée [*denknotwendige Folgen*] est en retour une image de ce qui découle nécessairement des choses dans la nature [*naturnotwendige Folgen*]. Pour que cette condition soit remplie, il doit exister certaines concordances entre notre esprit et la nature. Nous savons d'expérience que cette exigence est réalisable et que de telles concordances existent ainsi effectivement. Une fois parvenus à dériver de l'accumulation de l'expérience passée des images qui ont les caractéristiques requises, nous pouvons développer sur elles, comme sur

> des modèles, les conséquences immédiates qui n'apparaîtront que dans un long laps de temps dans le monde extérieur ou qui résulteront de notre propre intervention ; de sorte que nous sommes en mesure de prendre les devants sur les faits et d'orienter les choix qui se présentent à nous en fonction de cette prédictibilité. Les images dont nous parlons sont nos représentations des choses ; elles possèdent avec les choses cette conformité essentielle qui découle de la conformité entre notre esprit et la nature ; mais point n'est besoin qu'elles possèdent quelque autre conformité aux choses. En effet, nous ne savons pas – et nous n'avons aucun moyen de le savoir – à quoi peuvent correspondre nos représentations, sauf justement pour ce rapport fondamental[32].

La première phrase formule la condition d'isomorphisme entre dispositif de représentation et domaine représenté. Cette condition était pour Hertz ce qui caractérise tout langage pouvant servir à la prédiction. Puisqu'un langage doté d'une telle structure est un système sémiotique où les rapports entre les choses et les rapports entre les signes sont en relation biunivoque, les rapports nécessaires entre les choses (les rapports de cause à effet) seront également préservés par les rapports nécessaires (les relations de déductibilité) entre les signes. Présupposant qu'il est possible d'exhiber les rapports logiques de conséquence qui existent entre les différentes compositions de symboles, c'est-à-dire présupposant qu'on dispose d'une axiomatisation, on peut alors faire l'économie de la notion problématique de causalité. C'est ce que Frank a très bien exprimé :

> Le système axiomatique, l'ensemble des relations entre les symboles, est un produit de notre libre imagination ; il est arbitraire. Mais si les concepts qui y apparaissent sont mis en relations définissantes avec certains autres qui sont reliées à l'observation, ce système axiomatique, s'il est bien choisi, devient une description économique des faits observables. On peut alors introduire la loi de causalité en tant que convention arbitraire, la délivrant ainsi de ses apparences paradoxales. À l'intérieur du système axiomatique formel, elle n'est une convention arbitraire portant sur l'emploi de termes tels que « récurrence d'un état d'un système » ; mais sous l'interprétation physique du système axiomatique, elle devient un énoncé portant sur des faits observables. La philosophie de Mach se trouvait ainsi intégrée au « nouveau positivisme » des Henri Poincaré, Abel Rey et Pierre Duhem[33].

On pouvait donc trouver chez Hertz, plus précisément dans la subordination accomplie d'un système causal à un système logique, la clé de la synthèse recherchée entre l'empirisme strict d'un Mach et les conceptions des conventionnalistes français, moyennant l'adoption de la méthode axiomatique.

Frank poursuit en indiquant comment la théorie générale de la relativité d'Einstein servit de modèle épistémologique au Cercle de Vienne :

> Dans cette théorie, Einstein a déduit ses lois du mouvement et ses lois du champ gravitationnel de principes très généraux et très abstraits, c'est-à-dire les principes d'équivalence et de relativité. Ces principes et ses lois étaient formulés en tant que connexions entre des symboles abstraits : les coordonnées générales de l'espace-temps et les dix potentiels du champ gravitationnel. Cette théorie semblait être un excellent exemple de la façon dont on construit une théorie scientifique selon les conceptions du néopositivisme. En premier lieu, on élabore soigneusement le système symbolique ou structurel, lequel est nettement distingué des faits d'observation qu'il vise à décrire. Puis on détermine l'interprétation empirique de ce système abstrait, qui permet d'en identifier les prédictions observables, pour enfin procéder à leur vérification expérimentale[34].

Ces propos de Frank indiquent comment le Cercle de Vienne, loin de se leurrer d'un quelconque positivisme naïf rivé à la notion de faits ou de données expérimentales, était en fait à la recherche d'une épistémologie qui prenne résolument en compte l'autonomie grandissante de la physique théorique (mathématique) par rapport à la physique expérimentale. Dans l'optique de Frank, le théoricien développe en toute quiétude des modèles abstraits (mathématiques) dont la signification physique précise reste encore à déterminer. Ce que la théorie signifie au niveau des faits est l'objet de conventions et d'hypothèses heuristiques additionnelles dont la formulation incombe à la méthode expérimentale, elle-même guidée par la théorie. La fonction dévolue au verdict empirique, qui se place bon troisième dans ce nouvel empirisme, demeure fortement tributaire des étapes préalables de construction théorique et d'interprétation visée.

À l'opposé des théories classiques, la théorie d'Einstein devait inclure une théorie de l'observation, originairement conçue dans les lignes de l'opérationnalisme de Bridgman, et plus tard libéralisée sous l'impulsion des études de Carnap sur les rapports qu'entretiennent signification et vérification[35]. Ces études portant foncièrement sur la définissabilité des concepts scientifiques menèrent à la formulation par Carnap et Hempel, dans les années 1950, d'un modèle canonique de toute théorie scientifique qui soit accréditée sur le plan épistémologique. Nous verrons sous peu comment la théorie d'Einstein fit originalement figure d'exemple paradigmatique dans l'élaboration de ce modèle.

Nous avons dit au tout début que l'adoption de la méthode axiomatique avait été pour l'épistémologie du Cercle de Vienne le catalyseur du passage de l'analyse à la construction ; il aurait été plus précis de dire reconstruction. Comme le notait Cavaillès des conceptions de Hilbert, « la méthode axiomatique non seulement permet de fonder les mathématiques mais encore justifie leur application universelle dans les sciences de la nature[36] ». Il faisait remarquer que « l'axiomatisation est en général postérieure à la construction de la théorie. Elle ne fait que dépouiller tout l'adventice pour la rendre purement elle-même[37] ». Si la construction théorique est effectivement du ressort des scientifiques, il incombe dorénavant à l'analyse épistémologique de procéder à la reconstruction logique des théories scientifiques. Cette reconstruction logique, qui se résorbe en une pure œuvre de clarification quant à l'armature conceptuelle de la théorie et aux affirmations qu'elle porte sur son domaine d'application, s'oppose autant aux considérations d'ordre historique que d'ordre psychologique (l'adventice). Le thème de dépouillement abordé par Cavaillès rappelle immédiatement les propos de Hertz concernant la théorie de Maxwell et, plus généralement, les principes qui gèrent la caractérisation et l'individuation des théories scientifiques. Rappelons-nous que l'un des buts principaux des *Principes de la mécanique* était d'en faire une présentation claire et systématique qui, sans être inférieure aux formulations usuelles quant aux critères d'exactitude et d'adéquation, les surpasserait en ce qui concerne le critère logique d'admissibilité. La comparant aux formulations existantes, Hertz affirme la supériorité de sa présentation de la mécanique sur le plan logique. C'est le seul avantage qu'il revendique et auquel il tient réellement :

> J'accorde à cet avantage de la présentation la plus grande importance, c'est même uniquement à lui que j'accorde de l'importance. Savoir si l'image qui a été esquissée est plus appropriée qu'une autre, si elle est capable d'embrasser toute l'expérience future, voire si elle embrasse aussi simplement toute l'expérience présente, tout cela ne représente presque rien pour moi par rapport à la question de savoir si elle est intrinsèquement achevée, pure et sans contradiction. Car si j'ai essayé de la dessiner, ce n'est pas parce que la mécanique ne manifesterait pas déjà une adéqua-

> tion suffisante pour ses applications, ni parce qu'elle serait entrée dans un conflit quelconque avec l'expérience, mais uniquement pour me libérer de la sensation oppressante que ses éléments ne sont pas exempts d'obscurités et d'incompréhensibilités pour moi. Je ne voulais pas chercher la seule image possible des processus mécaniques ni la meilleure image, mais en fait uniquement une image intelligible et montrer sur cet exemple qu'une image de ce genre est possible et à quoi elle devrait à peu près ressembler[38].

Dans l'esprit de Hertz, sa formulation de la mécanique ne pouvait surpasser les formulations historiquement héritées sur le plan de leur valeur heuristique dans le contexte de l'acquisition des savoirs. Il comparait les différentes images mécaniques du monde à différentes grammaires, l'image newtonienne usuelle s'apparentant plus à une grammaire d'école, adéquate pour l'acquisition d'une langue, alors que sa présentation était plus une grammaire de linguiste, supérieure du point de vue de la reconstruction rationnelle.

> L'adéquation dont nous parlons ne concerne aucunement les applications pratiques ou les besoins de l'humanité. On pourrait difficilement remplacer les présentations usuelles de la mécanique, qui ont été élaborées expressément à cet effet, par un système qui leur serait supérieur sur ce rapport. Notre représentation de la mécanique a le même rapport aux représentations usuelles, qu'une grammaire systématique aux grammaires visant à permettre au lecteur l'acquisition la plus rapide d'une langue pour fins de communication dans la vie quotidienne. Ces deux sortes de grammaire obéissent à des desseins très différents et leur configuration doit varier considérablement pour que chacune soit adaptée à ses buts respectifs[39].

Hertz procède dans ses *Principes* à une reconstruction rationnelle ou reconstruction logique dans le sens exact où l'entendra l'empirisme logique parvenu à maturité. L'image qu'il présente de la mécanique est une image qui aurait déjà pu être construite, mais qui ne l'a pas été, essentiellement pour des raisons historiques et contingentes. Ce qu'on a plus tard appelé le *modèle empiriste standard des théories scientifiques* fut conçu dans le même esprit : il ne redonne pas les théories scientifiques telles qu'elles se sont historiquement constituées, pas plus qu'il n'est fidèle à leurs formulations habituelles. En reconstruisant sous le mode de la métamathématique les théories scientifiques en tant que systèmes axiomatiques formels dotés d'une interprétation empirique, il présente un format de *théorie scientifique* ou, plus précisément, une formulation canonique qui en capture les propriétés sémantiques essentielles au statut de *théorie empirique*.

L'influence de Hilbert fut déterminante en ce qui concerne l'approche adoptée en vue de caractériser ce qui constitue le caractère empirique d'une théorie. La transposition de la méthode axiomatique du contexte mathématique au contexte physique n'allait pas de soi. La notion de définition implicite offrait beaucoup d'attrait pour rendre compte de la façon dont sont introduits les concepts fondamentaux d'une théorie physique. On a noté plus haut que ce procédé de définition par voie axiomatique consiste à interpréter *en bloc* un ensemble de termes en postulant la vérité d'un énoncé dans lequel ils apparaissent, c'est-à-dire en posant cet énoncé comme axiome définissant. En plus de sa teneur conventionnaliste, cette approche représentait donc une forme d'holisme sémantique, dans la mesure où on ne peut plus penser l'interprétation respective des termes ainsi définis de façon isolée : elle se trouve imbriquée dans un réseau de rapports sémantiques que la théorie postule au départ. C'est pour cette raison que nous avions identifié ci-dessus définition implicite et interprétation théorique. Cette approche axiomatique intégrait donc sur un même plan sémantique des composantes conventionnalistes et holistiques où se précisèrent les influences de Poincaré et de Duhem.

Cette approche s'avéra très attrayante pour le Cercle de Vienne dans sa recherche d'un nouvel empirisme. Schlick traita de la question dans son *Épistémologie générale*[40]. Dans un article précédant d'un an la parution de sa *Construction logique du monde* [*Aufbau*], Carnap étudia les tenants et avenants de la transposition de cette méthode de son contexte original hilbertien (la théorie géométrique) à celui de la théorie physique (empirique). Il en vint à la conclusion qu'un tel mode de définition était impropre à caractériser des concepts empiriques[41]. Comparant le procédé de définition implicite aux mécanismes de définitions structurales qu'il entend mettre en œuvre dans l'*Aufbau*, il explique qu'un tel procédé de définition implicite achoppe sur deux points. Le premier est qu'un tel procédé ne définit pas un objet ou un concept déterminé, mais bien *une classe* de tels objets ou concepts ; les objets ainsi caractérisés ne sont pas ce qu'on pourrait appeler des concepts « authentiques ». Nous avions noté plus haut que sur le plan formel, les axiomes d'une théorie déterminent non pas une structure, mais plutôt une classe de structures comme domaine de validité. Il est acquis que tout système axiomatique formel du premier ordre ne peut caractériser une structure unique, ne peut déterminer un seul modèle ; il détermine plutôt une classe de modèles possédant la même structure. L'expression technique veut que de tels systèmes déterminent leur modèle visé à un isomorphisme près. La présence d'une multiplicité de réalisations possibles des axiomes d'une théorie scientifique ne pose en soi aucun problème sur le pur plan de la représentation. Comme le fait remarquer Howard, bien que la relation entre théorie et réalité visée ne soit pas univoque, on pourrait encore même soutenir la thèse du réalisme scientifique et considérer que parmi ces multiples modèles décrits par notre théorie, se trouve *la* réalité, le monde réel[42]. Mais sur le plan épistémologique, il y a déjà un problème à vouloir considérer un concept défini de façon implicite comme étant un concept empirique. Une des raisons invoquées par Carnap est que la question de savoir si un *objet concret* tombe sous le concept ne possède pas de vérification empirique – en fait, elle ne se pose même pas. Ce qui est empiriquement vérifiable, c'est la question de savoir si la structure totale dans laquelle s'imbrique cet objet est concrètement réalisée. Le second point concerne la question de la catégoricité. Nous avons également vu plus haut que dans le cas des formalismes à même d'incorporer l'arithmétique (et les théories physiques sont sûrement tenues d'incorporer l'arithmétique), il existera des modèles des axiomes de la théorie qui ne sont pas isomorphes au modèle visé. Contrairement à l'existence de modèles multiples, la présence de modèles non isomorphes pose véritablement problème déjà sur le plan de la représentation, tout en rendant caduque la thèse du réalisme scientifique. En effet, s'il y a des structures non identiques qui satisfont aux axiomes de la théorie, cette dernière ne peut prétendre décrire une réalité donnée, voire une forme de réalité donnée, car il y aura toujours d'autres formes de réalité dont la théorie est également vraie. Sur le pan épistémologique, il devient évident qu'un concept défini par un système d'axiomes non catégorique possédera également des extensions non visées, de sorte qu'il peut être considéré comme entièrement sous-déterminé d'un point de vue empirique.

Face à la non-viabilité de définitions implicites dans le contexte de théories empiriques, Carnap adopta dans l'*Aufbau* une méthode qui permettait la stratification de concepts pris dans leur individualité. Eu égard au défaut de catégoricité des formalismes qui soient à même d'incorporer les théories scientifiques, seule une constitution conceptuelle progressive de la connaissance scientifique pouvait établir un lien étroit entre théorie et réalité. Pour notre propos, il suffit de dire que le projet de l'*Aufbau*, autant dans sa problématique que dans son exécution, répondait directement aux investigations formelles intensives et originales que Carnap avait juste auparavant menées sur la méthode axiomatique promulguée par Hilbert[43].

La théorie de la relativité

Si la nouvelle philosophie des sciences promulguée par le Cercle de Vienne avait trouvé, dans les investigations axiomatiques formelles inaugurées par la nouvelle tradition métamathématique, son modèle d'analyse philosophique, elle avait également trouvé dans la théorie de la relativité d'Einstein son modèle de théorie scientifique (son modèle d'objet d'analyse). Peut-être tout autant que la mise à contribution philosophique des nouveaux outils d'analyse logique procurés par Frege et Russell, c'est l'extraction des implications épistémologiques de cette nouvelle théorie si révolutionnaire de la physique de son temps qui leur permit de révolutionner la philosophie.

Les conceptions épistémologiques de Schlick et des jeunes Reichenbach et Carnap ont pris forme et corps dans leurs études approfondies de la théorie de la relativité. Les premiers travaux de Schlick, qui lui valurent une vaste audience, furent un article sur la signification philosophique du principe de la relativité (1915) et son ouvrage *Espace et temps dans la physique contemporaine* (1917). Il est déjà l'auteur d'au moins quatre autres articles importants sur la relativité lorsqu'on le réclame à Vienne en 1922. Reichenbach fit ses débuts philosophiques avec la parution de son ouvrage sur *La théorie de la relativité et la connaissance a priori* (1917). Quant à Carnap, autant sa thèse de doctorat sur *L'espace* (1921) que tout ce qu'il publiera avant L'*Aufbau* en 1928 portent en quelque manière sur la relativité. Comme le note Don Howard,

> Ce qui a porté à maturation leurs conceptions épistémologiques, ce furent leurs efforts accomplis en vue de clarifier et de préciser en quel sens la théorie générale de la relativité, avec ses implications novatrices sur la géométrie de l'espace, pouvait être considérée de plein droit comme une théorie empirique. Ce faisant, Ils entendaient l'accréditer sur le plan épistémologique face aux attaques néokantiennes, autant de la part de

ceux qui la répudiaient en raison de son incompatibilité apparente avec la doctrine du caractère *a priori* du temps et de l'espace euclidien comme catégories du sens interne et externe respectivement, que de la part de ceux qui s'employaient à tenter de la réconcilier avec Kant[44].

Dans l'intérêt que suscitaient chez eux les nouvelles conceptions de l'espace-temps dans la théorie de la relativité, Schlick, Reichenbach et Carnap avaient pris une connaissance détaillée du développement de la géométrie moderne et ses fondements. Du côté des mathématiciens, on a signalé ci-dessus comment Hahn était parvenu à s'entourer de jeunes professeurs experts en la question : Kurt Reidemeister était spécialiste des fondements de la géométrie et de la logique combinatoire, alors que Karl Menger, qui avait été l'assistant de nul autre que Brouwer, avait toujours œuvré en topologie.

En ce qui touche la géométrie, des preuves de consistance des géométries non euclidiennes relatives à la géométrie euclidienne avaient été obtenues en s'aidant de la géométrie projective. Les dernières décennies du XIXe siècle avaient vu naître des recherches en géométrie différentielle (Helmholtz et Lie) se rapportant à la thèse d'habilitation de Riemann, de même que des investigations axiomatiques menant aux *Fondements de la géométrie* de Hilbert (1899).

Sur le plan philosophique, l'apparition des géométries non euclidiennes avait suscité des tentatives de fondements empiriques à la géométrie de l'espace physique. On admettait que la *topologie* de l'espace est *a priori*. Mais le statut de la *métrique* de l'espace est controversé. Outre la solution kantienne d'une justification transcendantale *a priori* de la géométrie métrique, d'autres voies avaient été proposées : pour un Riemann, la géométrie métrique se basait sur des hypothèses ; pour un Helmholtz, la géométrie métrique se basait sur des faits, en l'occurrence : la libre mobilité des corps rigides ; et pour un Poincaré, elle était affaire de convention, puisqu'elle se basait sur l'existence de corps rigides (une idéalisation) – elle-même le fruit d'une convention.

La position conventionnaliste de Poincaré constituait une troisième voie entre la position aprioriste et les deux positions empiristes. Selon lui, les géométries riemanniennes étaient analytiques, par opposition aux géométries qui présupposent un espace homogène et isotrope (celles-ci étant synthétiques). Or les conceptions de Poincaré sur la géométrie s'accordent mal avec la théorie générale de la relativité.

Poincaré n'avait considéré que les espaces riemanniens de courbure constante (la libre mobilité des corps rigides idéaux présuppose que l'espace est homogène et isotrope, donc : de courbure constante), alors que la théorie générale de la relativité (ultérieure au décès de Poincaré en 1912) utilisera la notion riemannienne de variétés (de courbure positive, négative ou nulle, à la suite des travaux de Weyl et Cartan) où le champ métrique sera déterminé par la distribution de la matière. C'est dire que la théorie générale de la relativité contredisait les conceptions de Poincaré sur ce point fondamental que la géométrie n'avait plus préséance sur la mécanique ; la géométrie s'identifie à la théorie de la gravitation, qui revient aux lois du mouvement. La hiérarchie posée par Poincaré où la mécanique présuppose la géométrie ne tenait plus.

Selon Poincaré, le rôle des conventions dans les théories de l'espace-temps se limitait au choix des définitions des coordonnées spatio-temporelles, conception adoptée par Reichenbach et ultérieurement Schlick (après sa venue à Vienne). Le conventionnalisme d'Einstein et du jeune Schlick était plutôt apparenté à celui de Duhem (où holisme et conventionnalisme ont partie liée). Dans l'optique de Poincaré, les règles de coordination spatio-temporelle en théorie générale de la relativité sont analytiques : elles ne sont pas déterminées par l'expérience. Pour Einstein (et pour Schlick, avant sa venue à Vienne), les hypothèses sur l'espace métrique sont déterminées par l'expérience en vertu de leur imbrication dans l'ensemble des hypothèses de la théorie physique. C'est ainsi que Duhem écrivait, dans sa controverse avec Poincaré : « Les hypothèses qui n'ont par elles-mêmes aucun sens physique subissent le contrôle de l'expérience de la même manière que les autres hypothèses » (Duhem, P., 1906, 328-329). La divergence de vues sur la question de savoir si les coordonnées spatio-temporelles ont un caractère synthétique (qui est le point de vue d'Einstein) ou un caractère analytique (elles ne seraient pas déterminées par l'expérience, bien que, une fois posées, elles permettent à la théorie physique d'en arriver à formuler des énoncés contingents), mena ce dernier à prendre ses distances envers Schlick et l'empirisme logique[45].

L'empirisme logique chercha une solution médiane entre le kantisme, qui accorde à la géométrie le statut de synthétique *a priori*, et le point de vue empiriste d'un Helmholtz, qui voulait fonder la géométrie physique sur des faits. La solution était sans doute plus à chercher du côté du holisme de Duhem, comme le fit Einstein. Mais un trop-plein de holisme pose problème : non seulement les structures d'espace-temps, mais aussi l'entièreté de la structure mathématique de la théorie physique deviennent sujettes au contrôle expérimental. C'est dans ce contexte qu'il faut situer les efforts faits par Carnap en vue de préserver et d'identifier la composante analytique de toute théorie empirique. L'analytique est identifié au conventionnel ; c'est là où se joue le choix de cadre linguistique (basé sur des considérations d'ordre pragmatique). Par exemple, en physique mathématique classique, les lois de la logique, de l'arithmétique et l'analyse classique sont considérées comme analytiques ; les équations de Maxwell sont considérées comme synthétiques. Qu'en est-il des axiomes de la géométrie selon Carnap ? Dans les théories classiques où la courbure est constante, Carnap les range parmi les axiomes analytiques ; dans les théories relativistes où la courbure de l'espace varie selon la distribution de la matière, il les classe parmi les axiomes synthétiques. C'est donc dire que la distinction entre l'analytique et le synthétique n'est pas, pour ainsi dire, absolue ; elle est relative à une théorie scientifique donnée. Nous aurons à revenir au prochain chapitre sur cette relativisation de l'analytique et, partant, de l'*a priori*, puisque, selon les préceptes empiristes logiques, non seulement tout ce qui est analytique est *a priori*, mais aussi tout ce qui est *a priori* est analytique.

NOTES DU CHAPITRE 5

1. Sur le positivisme en Allemagne, on consultera Walter M. Simon, *European Positivism in the Nineteenth Century*, Ithaca (N. Y.), Cornell University Press, 1963, chap. 9.
2. Freuler, L, 1995, 11.
3. Gottlob Frege, *Grundlagen der Arithmetik*, Breslau, Marcus, 1884 : v-vi ; *Les fondements de l'arithmétique*, tr. Cl. Imbert, Paris, Seuil, 1969, 118-119.
4. Edmund Husserl, *Logische Untersuchungen*, vol. I, Halle, Niemeyer, 1913 ; *Recherches logiques*, tr. H. Elie, A. L. Kelkel et R. Scherer, Paris, PUF, 1969, 231.
5. Voir Lindenfeld, D. F., 1980, 104.
6. L'empirisme logique s'est aussi aliéné de ce fait les Einstein, Bohr et Heisenberg.
7. Schlick en fut profondément consterné et longtemps incapable de se décider à remettre la lettre à Carnap (Voir Stadler, F., 1992).
8. Dans sa lettre à Schlick, Carnap tentait de disculper Wittgenstein en ajoutant : « Seul un homme qui souffre peut écrire ainsi. » Carnap donnera plus tard de cette affaire les détails suivants : « Un jour, alors que je n'avais pas mentionné son nom (dans « Le langage physique comme langage universel de la science »), parce que le point de vue physicaliste que je défendais alors se démarquait nettement de la conception de Wittgenstein, je reçus de lui une lettre indignée (reçue le 30 août 1932 à Prague) qu'il avait d'abord adressée à Schlick en lui demandant de me la faire parvenir. Jusqu'alors, j'avais eu beaucoup de respect pour Wittgenstein et pour sa personne ; mais sa lettre exprimait à ce point la haine, sur un ton incroyablement et personnellement haineux, que j'en fus profondément choqué. [...] Des années plus tard, quelques étudiants de Wittgenstein à Cambridge lui demandèrent la permission d'envoyer des notes de ses *Leçons* à des amis ou à des philosophes intéressés. Il s'enquit de la liste des noms et donna son accord pour tous, excepté le mien. De toute ma vie, je n'ai jamais vécu quelque chose qui puisse être comparé à cette haine envers moi. Je ne dispose d'aucune explication adéquate. Il se peut que seul un psychanalyste soit à même d'en proposer une. » (Stadler, F., 1992, 333.).
9. Voir Stadler, F., 1997, 470. Plusieurs ont fait la remarque que Schlick fut à tel point fasciné par Wittgenstein que cela « marqua la fin de sa carrière en tant que penseur autonome » (Cirera, R., 1994. 48-49).
10. Menger, K., 1994, p. 89. Ailleurs dans ses récollections du Cercle de Vienne (p. 24), Menger fait la remarque : « Tout comme son épigone [Wittgenstein], Mauthner était convaincu d'avoir résolu de façon définitive tous les problèmes de la philosophie. Comme me le rapportait Edmund Benedikt, un avocat viennois bien en vue qui était le cousin germain de Mauthner, cette conviction l'avait rendu insupportable tellement il était imbu de lui-même. »

11. Lettre à Carnap du 20 août 1932, citée par Brian McGuinness, « Les relations de Wittgenstein avec le Cercle de Schlick », in Sebestik, J. et A. Soulez, 1992, 337-355, 346.

12. Menger, K., 1994, 94, ne manque pas de le souligner.

13. *Ibid.*, 24.

14. Griffin, J., *Wittgenstein's Logical Atomism*, Oxford, Clarendon Press, 1964, avait déjà souligné les éléments kantiens et hertziens du Tractatus. Barker, P., « Hertz and Wittgenstein », *Studies in History and Philosophy of Science*, 11, 1980, 243-256, illustre de façon plus détaillée l'influence déterminante de Hertz. Wilson, A., « Hertz, Boltzmann and Wittgenstein Reconsidered », *Studies in History and Philosophy of Science*, 20, 1989 245-263, offre une étude plus récente. Dahms, H.-J, 1982 et Majer, U., 1985 ont indiqué comment Wittgenstein, dans sa généralisation de la théorie de l'image de Hertz, opte invariablement pour celle-ci lorsqu'elle entre en conflit avec les conceptions de Frege et Russell.

15. Selon l'expression de Wittgenstein : faire du neuf avec du vieux (il emploie le mot *Kitsch*). David Hyder, *The Mechanics of Meaning*, Berlin, De Gruyter, 2002, offre une riche étude de la présence d'éléments kantiens, helmholtziens, hertziens et riemanniens (le concept de *multiplicité*) dans l'épistémologie du *Tractatus*. Voir en particulier le chap. 6.

16. Voir Carnap. R., 1963a, 47 : « Il n'était pas clair si Wittgenstein pensait que les énoncés logiquement valides contenant des variables d'ordre supérieur, c'est-à-dire des variables de classe, de classe de classe, etc., avaient le même caractère tautologique [que celui de la logique du premier ordre]. En tout cas, il n'incluait pas parmi les tautologies les théorèmes de l'arithmétique, de l'algèbre, etc. » Par ailleurs, bien que les thèses du *Tractatus* soient très ambiguës sur ce point central, il demeure que la mathématique a au moins ceci en commun avec la logique qu'elle ne dit rien sur le monde et, en ce sens, elle est également tautologique.

17. Voir Brian McGuinness, éd., *Wittgenstein und der Wiener Kreis*, Suhrkamp, Francfort-sur-le-Main, 1967 et H.-J. Dahms, « Verifikationismus und Mathematik bei Wittgenstein », in Edgar Morscher *et alii* (éd.), *Akten des 5. Internationalen Wittgenstein-Symposiums*, Vienne, 1981, 443-447.

18. Voir Mathieu Marion, *Wittgenstein, Finitism and the Foundations of Mathematics*, Oxford, Clarendon Press, 1998, 37.

19. Les discussions portaient sur des auteurs aussi variés que Brentano, Meinong (des compatriotes offrant une alternative au néo-kantisme), Husserl (faisant de même), Schröder (l'algébriste, spécialiste de la logique des relations), Helmholtz (l'incontournable), son étudiant Hertz, et aussi Freud (Voir Stadler, F., 1997, 168).

20. Frank, P., 1949 (1975), 11-12.

21. Mach, E., 1905 (1908), 13.

22. Poincaré, H., 1902, 25. Voir Elie Zahar, « Poincaré's Structural Realism and His Logic of Discovery », in Greffe, J.-L. *et al.*, 1996, 45-68.

23. Chevalley, C., 1991, 435.
24. L'existence de corps rigides est un fait contingent.
25. Voir Helmholtz, H. von, 1866, 1868, 1870, 1878b.
26. Voir Bernhard Riemann, « Sur les hypothèses qui fondent la géométrie », thèse déposée en 1854, mais seulement publié en 1868.
27. Il faut ici mentionner les travaux de Yvon Gauthier qui, s'appuyant sur la tradition de Fermat et Kronecker, a développé une arithmétique interne pour laquelle il a obtenu un résultat de consistance (Voir Yvon Gauthier, « The Internal Consistency of Arithmetic with Infinite Descent », *Modern Logic*, 8, 2000, 47-86).
28. Ces arguments se retrouvent pour l'essentiel dans Poincaré, H., 1908, chap. 3-5.
29. Voir Hilbert, D., 1917.
30. Voir Sinaceur, H., 1993, 252-253, 256-257.
31. Voir Hilbert, D., 1899 (1971).
32. Voir Hertz, H., 1894, 1-2.
33. Voir Frank, P., 1949 (1975), 14.
34. Voir Frank, P., 1949 (1975), 18.
35. On consultera à cet effet l'entrée « Opérationnalisme » in *Dictionnaire d'histoire et philosophie des sciences*, éd. Dominique Lecourt, Paris, PUF, 1999, p. 709-710.
36. Voir Cavaillès, J., 1938 (1981), 77.
37. *Ibid.*, p. 88.
38. Voir Hertz, H., 1894, 39-40. J'utilise ici la traduction de Bouveresse, J., 1991, 121.
39. Hertz, H., 1894, 40.
40. Voir Schlick, M., 1918, 29 sq.
41. Voir Carnap, R., 1927, 1928b, §15.
42. *Voir* Howard, D, 1996.
43. Voir Carnap, R., 1928a.
44. Howard, D, 1994, 46.
45. Voir Howard, D., 1994.

Chapitre 6

LE NOUVEL EMPIRISME

La tradition empiriste en épistémologie, qui se caractérise succinctement par la thèse stipulant que toute connaissance objective se fonde ultimement sur l'expérience, remonte sans doute aussi loin que la philosophie elle-même. La tradition empiriste logique doit cependant attendre l'avènement de la logique formelle contemporaine pour pouvoir se constituer.

L'empirisme logique se réclame de David Hume dans sa critique de la métaphysique. Carnap, dans son article « On the Character of Philosophical Problems », cite le dernier paragraphe de l'*Essai sur l'entendement humain :*

> Supposons à présent que, persuadés de ces principes, nous entrions dans une bibliothèque, quel dégât n'y allons nous pas faire ? Si nous prenons en main, par exemple, un volume de théologie ou de métaphysique scolastique, nous demanderons : ce volume contient-il des raisonnements abstraits sur les quantités et les nombres ? Non. Contient-il des raisonnements fondés sur l'expérience et touchant des choses de fait ou d'existence ? Non. Jetez-le donc au feu, car il ne peut s'y trouver que des sophismes et de l'illusion.

Carnap poursuit en faisant la remarque : « Hume a donné la formulation classique de notre prise de position anti-métaphysique ».

Si Hume en a formulé la version classique, la version moderne de cette position stipulera que toutes les vérités sont des vérités logiques ou des vérités empiriques. Les tendances anti-métaphysiques représentent en quelque sorte l'aspect négatif du programme empiriste. Dans son aspect positif, le programme empiriste (dans sa version classique) veut faire la preuve que nos connaissances ou représentations objectives sont fondées sur l'expérience. Si l'empirisme logique reléguera la thèse empiriste dans sa version classique au domaine de la psychologie, il ne retiendra pas moins l'étude que fait Hume du problème de l'induction et du principe de causalité. Mais dans les deux cas, les résultats du penseur écossais sont pour ainsi dire négatifs. C'est ainsi que pour l'empirisme logique, Hume est plus celui qui a formulé les problèmes que celui qui a trouvé les solutions ; l'héritage de Hume, ce sont des problèmes à régler. John Stuart Mill doit également être mentionné en ce qui touche la tradition empiriste. L'empirisme logique n'acceptera cependant pas la thèse de Mill voulant que même les lois de la logique soient basées sur l'expérience.

Les idées du positiviste allemand Richard Avenarius, de même que celles du positiviste français Auguste Comte n'ont eu aucune influence sensible sur le Cercle de Vienne ; quant à celles de Mach, ce sont plutôt ses écrits sur le principe de la conservation de l'énergie, sur le développement historique de la mécanique et sur la définition du concept de masse en mécanique newtonienne qui seront retenus. Le phénoménalisme de Mach sera critiqué non seulement par Schlick, mais aussi par un autre membre du Cercle de Vienne, le physicien Philipp Frank[1]. Plus que toute autre chose, la critique que Mach a faite des concepts d'espace et de temps absolus dans la théorie même de la mécanique newtonienne représenta pour l'empirisme logique un paradigme de vigilance épistémologique veillant à épurer la science de son passé métaphysique.

Nous avons vu comment la critique du psychologisme visait le principe d'économie de la pensée qui était au cœur de l'épistémologie de Mach. Cette critique, initiée par Frege, fut formulée dans le contexte d'une réflexion sur les fondements de l'arithmétique. Le projet logiciste de Frege visait à fonder l'armature conceptuelle de l'arithmétique sur la théorie des ensembles (les concepts mathématiques seraient ainsi des concepts logiques ou, en tout état de cause, des concepts non empiriques) ; quant aux preuves arithmétiques, elles devaient se présenter au tribunal de la notion de preuve élaborée par la nouvelle logique.

Dans sa formulation classique, la thèse empiriste postulait que nos connaissances reposent sur l'expérience ; c'est-à-dire que nos représentations du monde (nos concepts, nos jugements) se développent à partir de représentations plus simples qui sont directement reliées à l'expérience immédiate. S'alliant à la critique du psychologisme initiée par Frege, l'empirisme logique rejettera cette formulation psychologico-génétique de la thèse empiriste (qui porte sur l'origine ou la genèse des objets mentaux et qui relève de la psychologie), mais il ne rejettera pas la thèse empiriste. Il s'agira plutôt de la reformuler de sorte qu'elle soit d'ordre épistémologique (qu'elle relève du contexte de la justification du savoir) et non d'ordre psychologique.

La version moderne de la thèse empiriste comporte deux volets qui correspondent à ce qui est parfois appelé *l'empirisme des termes* et *l'empirisme des énoncés :*

a) La signification des termes empiriques est analysable en termes de concepts directement reliés à de l'observable.

b) La vérification des énoncés empiriques a ultimement recours à de l'observable.

Comme le soulignait Hempel, une telle reformulation avait le double avantage d'enlever toute teneur psychologique à la thèse empiriste classique et de la rendre plus précise[2]. Le statut de la thèse empiriste était maintenant non plus celui d'un énoncé d'ordre épistémologique, mais plutôt celui d'un énoncé portant sur les liens sémantiques formels entre les termes et entre les énoncés du langage de la science, c'est-à-dire d'un énoncé d'ordre métathéorique (d'ordre métalangagier, portant sur le langage de la science)[3].

Il incombait donc aux tenants de cette thèse de montrer que le langage de la science possède (en principe) les propriétés formelles exprimées en a) et b). Le programme empiriste se trouvait donc bien défini, et les développements récents de la logique formelle, en particulier ceux de la sémantique logique, laissaient entrevoir la possibilité de concrétiser pour la première fois au niveau métathéorique ce qui n'avait jusque-là reçu que des assurances de principe de la part des philosophes empiristes. C'est ainsi que Carnap pouvait écrire dans son autobiographie intellectuelle :

> Mais il me semblait que j'étais le premier à prendre la doctrine de ces philosophes sérieux. Je ne me contentai pas de leurs affirmations géné-

> rales usuelles telles que « Un corps matériel est un complexe de sensations visuelles, tactiles et autres », mais tentai effectivement de construire ces complexes pour en montrer la structure. La nouvelle logique des relations des *Principia Mathematica* me semblait être justement l'instrument qu'il faut pour décrire la structure de m'importe quel complexe[4].

Si nous gardons en mémoire les conceptions qui s'imposaient alors (qui avaient été résumées par Poincaré) et qui voulaient que la science ne soit rien d'autre qu'un système de relations, il apparaît tout à fait normal qu'on pense utiliser la nouvelle logique des relations comme logique de la science. C'est en fait le programme que fit sien Carnap lorsqu'il rédigea en 1925 la première version de ce qui devait paraître trois ans plus tard sous le titre *Der logische Aufbau der Welt* (*La construction logique du monde*, communément abrégé *Aufbau*).

L'interprétation et la signification philosophique de cet ouvrage furent longtemps marquées par la lecture (et la critique) qu'en firent Nelson Goodman et W. V. Quine[5]. L'opinion reçue suggérait que le système de construction conceptuelle mis de l'avant par l'*Aufbau* représentait le parachèvement des idées épistémologiques de Mach et du jeune Russell, tout en en constituant un point culminant de la philosophie empiriste. Mettant à profit les nouveaux instruments de la logique formelle et faisant un emploi copieux de la logique des relations et du calcul des classes, Carnap avait eu le double mérite de faire la première tentative rigoureuse de réalisation du programme empiriste dans sa version radicale (positiviste) et d'en reconnaître l'échec. Cette lecture de l'*Aufbau* a cependant le désavantage d'omettre tout le contexte néo-kantien dans lequel s'insérait le projet de Carnap.

On a vu paraître dans les années 1990 nombre d'ouvrages procédant à une étude des sources de l'empirisme logique qui soit rigoureuse sur le plan de l'histoire de la philosophie des sciences[6]. Le temps semble bien révolu où il était de mise d'utiliser l'empirisme logique comme repoussoir à l'aide de préconceptions et lieux communs erronés. Putnam indique bien ce changement d'attitude :

> Plus important encore, certaines idées philosophiques grossières qui sévissent de nos jours – qui proclament par exemple que la neurobiologie a solutionné le problème de l'intentionnalité, ou que le modèle de l'esprit en tant qu'ordinateur nous a donné réponse aux questions métaphysiques et épistémologiques – recèlent un scientisme beaucoup plus cru que l'empirisme logique ne l'a jamais professé. Plusieurs philosophes

pensent que parce qu'ils ont « réfuté » une version caricaturale de l'empirisme logique (c'est-à-dire une doctrine qui n'a jamais existé dans la forme qu'ils la présentent), ils ne peuvent eux-mêmes être accusés de scientisme. (En vérité, les empiristes logiques n'ont pas eu besoin de Kuhn pour penser la « prégnance théorique » de l'observation : c'est ce qu'ils affirmaient eux-mêmes, et dans ces mêmes termes, dès le début des années 1930 [...])[7]. »

Ces travaux témoignent de l'ampleur de ce qui s'avère un important mouvement de réévaluation, voire de réhabilitation du legs philosophique du Cercle de Vienne. Dans la foulée des efforts de bien situer en particulier la pensée de Carnap dans son contexte historique, Friedman et Howard ont indiqué de façon détaillée le lien intime existant entre la genèse des conceptions structuralistes de Carnap et ses études sur l'espace[8]. Sur un plan plus général, la teneur structuraliste de la pensée carnapienne peut, au-delà de la tripartition usuelle entre les étapes syntaxique, sémantique et pragmatique de son œuvre, constituer un principe unificateur, de même qu'un fil conducteur dans la compréhension des différents thèmes majeurs de sa philosophie[9]. Il y a en effet un aspect important de la philosophie de Carnap qui apparaît très tôt dans son œuvre, aspect qui sera maintenu tout au long du développement de sa pensée et dont on a relativement peu fait état : il s'agit de l'adoption dans l'*Aufbau* d'un point de vue structuraliste qui, en fait, marquait chez lui l'abandon des conceptions kantiennes qu'il professait dans sa thèse de doctorat[10]. Ce structuralisme strict de Carnap déterminera ses prises de position ultérieures sur la science, sur les questions d'ordre ontologique, sur la philosophie en général et sur la philosophie des sciences en particulier.

Carnap affirme le principe structuraliste à divers endroits dans l'*Aufbau*[11]. Selon ce principe, tous les énoncés scientifiques sont en fait de purs énoncés structuraux, c'est-à-dire qu'ils affirment qu'un domaine donné du discours possède telle et telle structure :

> Il sera démontré qu'il est en principe possible de caractériser tous les objets par leurs propriétés structurelles et de transformer ainsi tous les énoncés scientifiques en purs énoncés structuraux[12].

Voyons d'abord les implications de ce principe sur les questions d'ordre ontologique, puisqu'elles sont immédiates. On sait que Carnap avait entrepris de construire un système conceptuel où le seul concept primitif était une relation fondamentale – un « souvenir de ressemblance » – définie sur un domaine d'éléments donné constituant la base du système. Une hiérarchie entière de concepts était alors construite par voie de chaînes de définitions sur la base de ce concept fondamental. Ceci constituait dans une certaine mesure un exercice de logique. De la même façon que Nicod, et à sa suite, Wittgenstein, avaient montré que toutes les relations logiques (vérifonctionnelles) étaient représentables par un seul connecteur logique, Carnap se mit en frais de montrer comment on peut définir toutes les relations empiriques sur la base d'une seule relation primitive[13]. Que ce soit la construction de l'échafaudage logique ou la construction du monde empirique, la donnée de ce qui est primitif et de ce qui est défini ou dérivé provient d'un choix et ne répond qu'à des critères de main d'œuvre.

Bien qu'il opta, dans l'*Aufbau*, pour une base autopsychique (des « expériences vécues élémentaires ») comme éléments fondamentaux dans la construction de la connaissance, Carnap insista sur le fait que le choix d'une telle base était arbitraire, en ce sens qu'il répondait essentiellement à des considérations d'ordre pragmatique. Plus important encore : la question de la nature des éléments sur lesquels s'érige notre connaissance est, en fait, externe à la question de la construction des concepts, qui seule est authentique. Les éléments qui composent le domaine d'une structure donnée sont entièrement – exclusivement – déterminés par les relations définies sur ce domaine. Il découle de ce principe que la question d'une soi-disant nature intrinsèque de ces éléments ne se pose pas. La question de la nature des éléments ne trouve sa formulation authentique que dans celle de la nature des relations ou concepts qui les déterminent, et celle-ci se réduit en retour à celle des moyens utilisés pour identifier leurs référents.

Cette idée sous-tend ce qu'on pourrait appeler l'« anti-essentialisme » de Carnap, au sens de Bouveresse[14]. Carnap distingue la question de la nature constitutive de l'objet [*konstitutionale Wesen*], qui est une question portant sur l'objet qui existe en tant que forme de construction, et celle de ce qu'il appelle la nature métaphysique de l'objet, portant sur l'objet qui existe en soi. Il précise en même temps qu'en science, on ne peut pas parler, en termes propres, de la nature métaphysique ni même de la nature constitutive des objets, de sorte que cette question ne se pose pas en science. La question de l'essence de l'objet constitué se pose cependant dans un sens impropre, qui est le suivant : quels sont les rapports que l'objet entretient avec les autres objets du système et, en particulier, comment peut-il être déduit d'objets plus fondamentaux ?

> La nature constitutive d'un objet est donnée par sa formule de construction, qui est une règle de transformation permettant de traduire un à un chaque énoncé contenant une occurrence du signe de l'objet en question en des énoncés portant sur des objets de construction de niveau inférieur dans le système et, ultimement, en un énoncé portant sur la relation fondamentale[15].

Ces considérations anticipent dès lors la distinction que Carnap fera ultérieurement entre le *mode formel* de parler et le *mode interne* [*inhaltlich*] de discours[16]. Le passage du mode interne au mode formel transforme tout énoncé philosophique traditionnel en un énoncé syntaxique. Les exemples sont bien connus : l'énoncé « Le monde est constitué de choses » se transforme en l'énoncé « Le monde est descriptible dans un langage chosique », et l'énoncé « Le monde est constitué de phénomènes » se transforme en l'énoncé « Le monde est descriptible dans un langage phénoménaliste ». Ce qui semblait être deux thèses ontologiques incompatibles lorsque formulées sur le mode interne, exprime en fait des thèses métalinguistiques (tout à fait compatibles) portant sur le cadre linguistique choisi pour formuler nos connaissances de la réalité. La transformation imposée par l'*Aufbau* de tous les énoncés scientifiques en énoncés structuraux est d'ailleurs très proche du second principe qui stipule que les questions philosophiques trouvent leur formulation adéquate dans le mode formel de discours.

De même, lorsque Carnap distinguera plus tard entre les questions internes et les questions externes, il ne fera que suivre le principe structuraliste adopté dans l'*Aufbau* qui évinçait déjà les questions ontologiques traditionnelles hors du domaine de la théorisation scientifique. Les questions internes sont celles qui portent sur l'existence de certaines entités à l'intérieur du cadre linguistique adopté pour formuler la science, alors que les questions externes portent sur l'existence du système des entités pris dans sa totalité. Le principe de construction de l'*Aufbau* énonçait que les relations qui composent le système relationnel ont priorité sur les éléments qui en composent le domaine. Ce principe se trouvera ni plus ni moins repris dans l'article « Empiricism, Semantics, and Ontology », article qui présente les positions définitives de Carnap en matière d'ontologie. On y retrouve un passage qui illustre d'ailleurs très bien les positions formalistes strictes de Carnap en mathématiques, car elles valent également pour le discours sur les nombres :

> Il n'y a aucune objection à dire de quelqu'un qui a choisi d'utiliser un langage chosique, qu'il a accepté le monde des choses. Cela ne signifie pas pour autant que cette personne a choisi de croire à la réalité du monde des choses ; il n'est aucunement question d'une telle croyance, affirmation ou supposition, car cela ne constitue pas une question théorique. Accepter le monde des choses ne signifie rien de plus qu'accepter une certaine forme de langage[17].

Encore une fois, l'*Aufbau* avait déjà relégué la question de la nature des éléments sur lesquels s'érige l'armature conceptuelle de la science à l'extérieur de la question de la construction des concepts, la seule question qui soit authentique. Celle de la nature de ces éléments ne se posait pas pour l'auteur de l'*Aufbau*. Dans le même article, Carnap précise que la question de la nature des éléments n'est pas une question théorique, mais constitue plutôt une question d'ordre pragmatique relevant d'un choix ou d'une décision pratique concernant la structure de notre langage.

Si le structuralisme strict défendu dans l'*Aufbau* fonde une conception de l'ontologie dont Carnap ne se départira jamais, il fonde également sa conception de la philosophie. Tous les énoncés authentiques sont des énoncés structuraux, dit l'*Aufbau*, y compris donc les énoncés de la philosophie. Mais les énoncés philosophiques, par opposition aux énoncés scientifiques, ne portent pas sur la structure du domaine de la connaissance : ils portent sur la structure des énoncés qui portent sur la structure du domaine de la connaissance. Cette conception de la philosophie en tant que discipline métathéorique est déjà déterminée par la prise de position dans l'*Aufbau*, si on lui ajoute la thèse que la philosophie ne fait pas et ne peut pas faire d'affirmation sur la structure du réel. Carnap adopte un point de vue scientiste dans la mesure où il considère qu'il n'y a que les énoncés scientifiques qui font des assertions sur la structure de la réalité. En cela, il se rapproche du *Tractatus* de Wittgenstein qui affirmait que l'ensemble des énoncés qui portent sur la réalité est coextensif à l'ensemble des énoncés scientifiques. On sait cependant que le *Tractatus* terminait sur l'impossibilité de la métathéorie, disons : de la métathéorie sémantique. Wittgenstein en venait à la conclusion que la fonction représentative du langage reposait sur un isomorphisme logique entre le langage et la réalité ; cependant, cet isomorphisme ne pouvait lui-même, en retour, reposer sur un isomorphisme d'ordre supérieur. Ainsi, la condition formelle de la fonction représentative du langage n'était pas représentable. Le lecteur qui avait reconnu le caractère métalogique des énoncés du *Tractatus* devait les reconnaître comme dépourvus de sens. Si Carnap était d'accord avec Wittgenstein pour voir dans la philosophie une pure entreprise de clarification conceptuelle et logique, il croyait néanmoins que ces clarifications pouvaient être formulées de façon sensée et précise en tant qu'énoncés métalinguistiques. Carnap se mit à la tâche d'étudier les différentes formes de langage, les différents systèmes syntaxiques possibles pour la formulation de nos connaissances. La métathéorie n'a pas à se fonder sur un point de vue transcendantal puisqu'elle est purement formelle, surtout dans la conception exclusivement syntaxique ou formaliste à laquelle Carnap adhérait au tout début. Le Carnap du temps du Cercle de Vienne n'était convaincu ni du bien-fondé, ni de la nécessité de la sémantique formelle. Ses réticences tenaient d'une part au présupposé réaliste d'une certaine application de la sémantique formelle, c'est-à-dire que l'idée même d'une étude de la relation entre le langage et la réalité lui apparaissait suspecte. D'autre part, il croyait que l'étude exclusive de la forme du langage, c'est-à-dire la syntaxe, suffisait à clarifier les questions pertinentes à l'analyse philosophique. Soulignons en passant que Carnap fit l'étude de diverses syntaxes possibles et qu'il n'y eut jamais pour lui quelque chose comme « le » langage idéal. Cette idée est clairement exprimée dans la *Syntaxe logique du langage* :

> En logique, il n'y a pas de morale. Chacun est libre de construire la logique, c'est-à-dire la forme de langage qu'il veut. Seulement qu'il est tenu, s'il désire en discuter, d'énoncer clairement ses méthodes de construction, et cela se fait au moyen de déterminations d'ordre syntaxique au lieu de considérations d'ordre philosophique[18].

Ce « principe de tolérance » a également ses racines dans l'*Aufbau* : le choix d'un langage autopsychique pour la construction des concepts empiriques relevait alors de considérations d'ordre purement pragmatique. Notons au passage que la neutralité axiologique de la logique a des conséquences sur la méthodologie scientifique, s'il est vrai que cette dernière n'est que la logique des sciences. Bas van Fraassen rejoignait Carnap lorsqu'il résumait la méthodologie scientifique de la façon suivante :

> On peut distinguer de façon logique, sinon de façon chronologique, deux réactions à la pression qu'exercent les faits sur une théorie. En premier lieu, on élargit le cadre théorique pour permettre la possibilité théorique des nouveaux faits admis. Ensuite, on restreint cet élargissement à l'aide de contraintes théoriques qui excluront une grande classe de possibilités qui viennent ainsi d'être admises. La première démarche vise à conserver l'adéquation empirique de nos théories, la seconde permet à la théorie de retrouver sa pertinence empirique, sa force d'information et de prédiction. Il n'y a pas de contrainte logique qui préside à ces démarches. [...]
>
> D'un point de vue purement logique, il revient toujours aux scientifiques de prendre au sérieux un phénomène nouveau ou de l'ignorer. La logique ne connaît pas de limites aux hypothèses *ad hoc*[19].

Mais laissons là la méthode pour revenir à la structure et voyons enfin de plus près ce qu'il ressort du principe fondamental de l'*Aufbau* pour la compréhension des théories scientifiques. L'optique structuraliste stricte nous assure que les éléments qui composent le domaine d'une structure donnée sont entièrement déterminés par les relations définies sur ce domaine. On remarque ici l'influence manifeste de Hilbert : ce dernier est mentionné dans la section de l'*Aufbau* qui précède celle qui réaffirme et illustre le principe structuraliste. Dans l'axiomatisation que Hilbert fait de la géométrie euclidienne en 1899, les objets géométriques sont entièrement déterminés par les relations formelles définissantes ; on dit de tels objets ou concepts qu'ils sont introduits par voie d'axiomatisation ou encore, qu'ils sont définis de façon implicite.

Dans un article qui précédait d'un an la publication de l'*Aufbau*, Carnap, en raison de considérations qui touchent au défaut de catégoricité dont sont frappés en général les systèmes axiomatiques formels, en était venu à la conclusion que de tels concepts introduits par voie purement axiomatique n'étaient pas des concepts authentiques [*eigentliche Begriffe*][20]. La méthode utilisée dans l'*Aufbau* visait à remédier au fait que de tels concepts structurels ne peuvent véritablement être considérés comme des concepts empiriques puisque les axiomes définissants ne parviennent pas à les caractériser de façon univoque. Cependant, cette conception des théories géométriques en tant que définitions implicites porte déjà en soi les germes d'une approche holiste de l'interprétation des termes scientifiques. C'est cette approche que Carnap adoptera plus tard dans son article de *Dialectica* « *Beobach-*

tungssprache und theoretische Sprache » en 1958, après avoir formulé ce qu'il est entre-temps convenu d'appeler la conception empiriste reçue des théories scientifiques, formulation sans doute la plus précise sur le plan logique[21].

L'approche holiste que permet un point de vue structuraliste strict en matières sémantiques consiste à considérer que les axiomes d'une théorie déterminent autant sa structure conceptuelle que sa structure logique, c'est-à-dire qu'ils agissent autant comme définitions que comme énoncés exprimant des lois. C'est dire que de ce point de vue, toute théorie empirique comportera une composante conventionnelle *a priori* où sont définis les concepts que la théorie met en jeu, et une composante factuelle, où se formulent les énoncés contingents de la théorie. Qui rejette la catégorie épistémologique du *synthétique a priori* devra alors se mettre en œuvre d'identifier ces deux composantes conçues comme distinctes. C'est ce que visait la conception reçue des théories scientifiques, en identifiant *sur le plan syntaxique* la composante nomologique d'une théorie à son appareil logico-mathématique, et sa composante heuristique à un ensemble ouvert de « règles de correspondance » établissant le lien entre les concepts formels de la théorie et les concepts empiriques.

La reformulation souhaitée de la thèse centrale de l'empirisme nécessitait que l'on établisse une définition précise et adéquate de la notion d'un énoncé analytiquement vrai (« vrai en vertu de la signification du vocabulaire logique *et* descriptif) dans un système sémantique (celui de la science) qui inclut des règles de signification pour les termes descriptifs du système. C'est dire qu'il y aurait des règles qui déterminent la vérité de certains énoncés non logiquement vrais par pure voie de stipulation, sans référence à des faits. Ces règles agissent comme postulats de signification [*meaning postulates*]. L'idée de postulats de signification renvoie directement à celle de la définition implicite (par voie d'axiomes) de concepts. On a vu que de tels axiomes ne peuvent être considérés comme déterminant une interprétation empirique. C'est dire que dans l'optique de l'empirisme logique, de tels axiomes doivent être considérés comme de purs axiomes formels, au même titre que les axiomes logiques et mathématiques qu'incorpore toute théorie scientifique développée. Dans la conception empiriste logique des théories scientifiques, de tels axiomes étaient considérés comme des règles de correspondance qui ne déterminent pas l'interprétation empirique des concepts impliqués, mais qui la permettent.

Sauf que ce statut était très controversé. On l'a vu à l'occasion d'une comparaison entre le conventionnalisme à la Duhem d'un Einstein (qui incorpore une forte dose de holisme) et le conventionnalisme à la Poincaré (qui limite le rôle des conventions dans les théories de l'espace-temps au choix des définitions des coordonnées spatio-temporelles). Pour le holisme de type duhémien, les hypothèses qui n'ont par elles-mêmes aucun sens physique (pensons à des règles de coordination spatio-temporelles jouissant, aux yeux des empiristes logiques, du statut d'énoncés conventionnels, *a priori*) subissent le contrôle de l'expérience de la même manière que les autres hypothèses (c'est-à-dire que leur imbrication dans le système conceptuel entier de la théorie les rend *a posteriori*). On peut soumettre tout énoncé donné au contrôle expérimental (c'est-à-dire le considérer comme hypothèse empirique), comme on peut l'immuniser face à ce contrôle (en le considérant comme hypothèse heuristique).

C'est dire que pour une position holiste à part entière, autant la distinction entre l'analytique et le synthétique (comme l'a souligné Quine), que la distinction entre *l'a priori* et l'*a posteriori* (le conventionnel et le contingent), ne tient plus. Le point de vue souhaité serait de reconnaître que tout énoncé scientifique peut être considéré comme analytique, tout en refusant l'idée que tous les énoncés scientifiques soient analytiques. L'addition d'un axiome au rang des énoncés conventionnels fera souvent en sorte qu'un axiome ou un énoncé antérieurement reconnu comme conventionnel devienne un énoncé contingent. Le refus du synthétique *a priori* se traduit avantageusement par l'idée qu'une réorganisation de la composante conventionnelle (analytique) d'une théorie induit des changements dans la composante contingente (*a posteriori*). La présence d'énoncés conventionnels régissant, sans pour autant la déterminer, l'interprétation empirique des structures d'espace-temps en relativité indique l'impossibilité de définir la notion d'analyticité pour des énoncés individuels. Lors de développements ultérieurs de la problématique empiriste logique, Carnap proposera plutôt de définir de façon holiste la composante synthétique d'une théorie scientifique donnée. Le contexte historique de ces développements sera donné dans un second volume.

NOTES DU CHAPITRE 6

1. Voir Frank, P., 1949 (1975).
2. Voir Hempel, C. G., 1977.
3. Plus précisément, la thèse empiriste logique, parvenue à l'état de maturité, relève de cette partie de la métathéorie qui s'appelle la sémantique.
4. Carnap, R., 1963a, 16.
5. Voir Nelson Goodman, *The Structure of Appearance*, 1953, et W. V. Quine, *Philosophical Review*, 10, 1951, p20-43.
6. Voir, entre autres, Cartwright, N., 1996 (Introduction, n. 2), Haller, R., 1993, Stadler, F., 1993, 1997, Howard, D., 1994, 1996, Giere, R. et A. Richardson, 1996, Richardson, A., 1996a, 1996b, Friedman, M., 1994, 1995b, 1997, 1999, Sarkar, S.,1996a, 1996b, 1996c, ainsi que Richardson, A. et T. Uebel, 2007.
7. Putnam, H., 1994, vii.
8. Voir Friedman, M., 1992, 1995a et Howard, D., 1996. Sur l'arrière-plan kantien de l'épistémologie de l'*Aufbau*, voir Sauer, W., 1985, 1989.
9. Le structuralisme dont il est ici question est relié à la sémantique logique : François Rivenc parle d'ailleurs de « l'esprit modèle-théorétique » qui caractérise la manière de faire de Carnap, par opposition à la pensée de Russell, qu'il associe à la tradition de l'universalisme logique. (Rivenc, F., 1993). Sur le structuralisme strict de Carnap, voir Leroux, J., 2002. Signalons la monographie sur Carnap de Mormann, T. 2000, qui s'ajoute, à 30 ans d'intervalle, à celle de Krauth, L., 1970. Schilpp, P. A., 1963 (contenant Carnap, R, 1963a, 1963b) et Richardson, A., 1998 sont des ressources ou sources importantes en ce qui concerne la philosophie générale de Carnap, auxquelles s'ajoutent Bonk, T., 2003, Reck, E. H. et S. Awodey, , 2004, Awodey, S. et C. Klein, 2004. Friedman, M. et R. Creath, 2007.
10. Voir Carnap, R., 1922.
11. Carnap, R. 1928b. Je me réfère à l'édition de Meiner et les traductions sont les miennes.
12. *Op. cit.*, §6 , p. 7.
13. Nicod, utilisant la barre de Scheffer qui exprime la relation d'incompatibilité, montrait en 1917 qu'on pouvait axiomatiser le calcul des énoncés sur la base d'un seul axiome et d'une seule règle d'inférence.
14. Voir Jacques Bouveresse, « Essentialisme, réduction et explication ultime », *Revue Internationale de Philosophie*, 30, 1976, 411-434.
15. Carnap, R. 1928b, §161, 222.
16. Voir Carnap, R., 1934a.
17. Carnap, R., 1956a, p207-208.
18. Voir Carnap, R., 1934b, p. 45.

19. Van Fraassen, B., 1989, 229.
20. Voir Carnap. R., 1927.
21. Voir Carnap, R., 1956b, 1958.

CONCLUSION

Il est d'usage aujourd'hui de caractériser la doctrine de l'empirisme logique comme ayant opéré d'une « relativisation de l'*a priori* ». Si nous avons pu retracer comment cette relativisation s'est effectuée au moyen d'une interprétation conventionnaliste de l'*a priori*, il faut aussi noter qu'elle a également été produite par le biais d'une historicisation de cette catégorie. Si l'on considère l'évolution des théories scientifiques, il appert que plusieurs gains théoriques ont résulté du fait que certains énoncés qui avaient d'abord été considérés comme contingents furent élevés au rang de conventions. Pensons, par exemple, au cas simple de la vitesse de la lumière comme vitesse limite en physique relativiste. De tels gains en composante conventionnelle de la théorie furent souvent la marque de véritable progrès en science physique L'empirisme logique était profondément convaincu de cet état de choses, de sorte que dans un contexte de changements théoriques importants, un énoncé auparavant considéré comme synthétique peut très bien être dorénavant rangé parmi les énoncés conventionnels (*a priori*) d'une théorie donnée. C'est dire que l'impossibilité de jugements synthétiques *a priori* (conventionnels) ne peut être maintenue que relativement à une théorie scientifique donnée.

Dans sa reconstruction formelle du langage des théories physiques, Carnap maintenait une distinction nette entre les axiomes logiques et les axiomes physiques, les premiers possédant le statut d'énoncés analytiques et les seconds, d'énoncés synthétiques. Mais il considérait que les règles respectives – postulats logiques (règles-*L*) et postulats physiques (règles-*P*) – qui gouvernaient ces énoncés étaient sujettes à révision :

Aucune règle du langage physicaliste n'est définitive ; toutes les règles sont formulées sous réserve d'éventuelles modifications si cela s'avère nécessaire. Cela vaut non seulement pour les règles-*P*, mais aussi pour les règles-*L* logiques, incluant celles des mathématiques. À cet égard, il n'y a qu'une différence de degrés ; il est plus difficile de renoncer à certaines règles qu'à d'autres[1].

Michael Friedman, qui cite Carnap dans ce contexte, remarque qu'un changement de règles-*L* implique un changement du langage en question (et, *a fortiori*, une modification des concepts physiques), alors qu'un changement des règles-*P* n'implique qu'une révision des énoncés synthétiques dans le même langage. Selon Carnap, les règles-*L* peuvent aussi comporter, outre des axiomes purement mathématiques, des axiomes de la géométrie physique. Les principes qui fixent la métrique géométrique sont analytiques dans le cas de théories physiques qui adoptent une métrique de courbure constante, alors que dans le cas de la théorie générale de la relativité (où la courbure dépend de la masse et de l'énergie), ces principes sont synthétiques. À l'instar de Reichenbach, Carnap considère que les axiomes euclidiens ont perdu leur statut d'énoncés analytiques dans la transition de la physique classique à la physique relativiste ; ils deviennent, en relativité générale, empiriquement faux (c'est-à-dire synthétiques)[2].

Plutôt donc que de tenter de définir la notion générale d'analyticité au moyen d'une détermination directe de la composante conventionnelle d'une théorie scientifique, Carnap adoptera plus tard l'approche qui consiste à individuer la composante contingente d'une théorie donnée pour ensuite définir la composante analytique comme le complément (au sens ensembliste) de la composante contingente. L'interprétation conventionnaliste de l'*a priori* permet de déterminer la composante contingente (synthétique) d'une théorie comme étant celle qui n'est régie par aucune règle sémantique (représentant ainsi la composante non *a priori*, c'est-à-dire *a posteriori*). Cette voie qu'empruntera Carnap sur la base des conceptions du logicien anglais F. P. Ramsey sera traitée dans un second volume, qui reprend la conception empiriste logique venue à maturité dans les années 1950.

Nous avons souligné en avant-propos comment la reformulation faite par le nouvel empirisme de la doctrine empiriste classique (ce que nous avons appelé l'empirisme des termes et l'empirisme des énoncés) marquait le passage de la théorie de la connaissance à celle du langage scientifique. Ce passage de l'épistémologie [*Erkenntnistheorie*] à la philosophie des sciences [*Wissenchaftstheorie*] s'est fait à l'enseigne d'une logique des sciences qui revendiquait pour la philosophie l'autonomie de la méthode logique par rapport aux approches antérieures qui avaient partie liée avec la méthode historique ou encore le psychologisme. C'est sous cette forme que la discipline s'est développée et institutionnalisée en tant que discipline académique dans l'après-guerre, coïncidant dans ses impulsions majeures avec le développement et la maturation de l'empirisme logique. Dans un second volume, nous poursuivrons le développement de l'empirisme du XXe siècle dans une étude comparative des approches les plus connues qui se sont développées en réaction à l'empirisme logique ou en retrait de ce dernier.

NOTES DE LA CONCLUSION

1. Carnap, R., 1934, 318.
2. Friedman, M., 1994 (1999), 69.

BIBLIOGRAPHIE

Awodey, Steve et Carus, André, 2001

« Carnap, Completeness, and Categoricity : The *Gabelbarkeitssatz* of 1928 », *Erkenntnis*, 54, 145-172.

Awodey, Steve et Carsten Klein (éd.), 2004

Carnap Brought Home. The View from Jena, Chicago, Open Court [*Archive of Scientific Philosophy. Hillman Library, University of Pittsburgh*, vol. 2].

Ayer, Alfred Julius, 1936 (1956)

Language, Truth and Logic, Londres, Gollancz. 2e éd., 1946. New York, Dover, 1952. *Langage, vérité et logique*, tr. et introd. de Joseph Ohana, Paris, Flammarion, 1956.

Baird, Davis *et al.* (éd.), 1998

Heinrich Hertz : Classical Physicist, Modern Philosopher, Dordrecht, Kluwer [*Boston Studies in the Philosophy of Science*, vol. 198].

Balibar, Françoise, 1999

« Équivocité de l'univocité », *Philosophia Scientiae*, 3, 155-166.

Bergmann, Gustav, 1988

« Erinnerungen an den Wiener Kreis. Brief an Otto Neurath », in *Kontinuität und Bruch 1938-1945-1955*, éd. Friedrich Stadler, Vienne, LIT [*Beiträge zur österreichischen Kultur- und Wissenschaftsgeschichte*, vol. 3], 171-180.

Blackmore, John, 1992

Ernst Mach – A Deeper Look. Documents and New Perspectives, Dordrecht, Kluwer [*Boston Studies in the Philosophy of Science*, vol. 143].

Blackmore, John, 1995a
Ludwig Boltzmann. His later Life and Philosophy, 1900-1906. Book One : A Documentary History, Dordrecht, Reidel [*Boston Studies in the Philosophy of Science*, vol. 168].

Blackmore, John, 1995b
Ludwig Boltzmann. His later Life and Philosophy, 1900-1906. Book Two : The Philosopher, Dordrecht, Reidel [*Boston Studies in the Philosophy of Science*, vol. 174].

Boltzmann, Ludwig, 1890
« Über die Bedeutung von Theorien », in *id.*, 1905 (1979), 54-58. « Sur l'importance de la théorie », in *id.*, 1987, 71-75.

Boltzmann, Ludwig, 1896
« Ein Wort der Mathematik an die Energetik », in *id.*, 1905 (1979), 67-77.

Boltzmann, Ludwig, 1896-98 (1987)
Vorlesungen über Gastheorie, 2 vol., Leipzig, Barth. 2e éd. 1910, 1912 ; 3e éd. 1923. Réimpr. 1981. *Leçons sur la théorie des gaz*, 2 vol., tr. A. Galotti, Paris, Gauthier-Villars, 1902-1905 ; Paris, Gabay, 1987.

Boltzmann, Ludwig, 1897a
« Über die Frage nach der objektiven Existenz der Vorgänge in der unbelebten Natur », *Sitzungsberichte der kaiserlichen Akademie der Wissenschaften in Wien, 106*, in *id.*, 1905 (1979), 94-119.

Boltzmann, Ludwig, 1897b
« Über die Unentbehrlichkeit der Atomistik in der Naturwissenschaft », *Annalen der Physik und Chemie*, 60, 392-398 ; in *id.*, 1905 (1979), 78-93.

Boltzmann, Ludwig, 1897-1904
Vorlesungen über die Principe der Mechanik, 2 vol., Leipzig, Barth. « Lectures on the Principles of Mechanics » [extraits], in *id.*, 1974, 223-265.

Boltzmann, Ludwig, 1899a
« Über die Entwicklung der Methoden der theoretischen Physik in neuerer Zeit », in *id.*, 1905 (1979), 120-149.

Boltzmann, Ludwig, 1899b
« Über die Grundprinzipien und die Grundgleichungen der Mechanik » (1899), in *id.*, 1905 (1979), 160-169.

Boltzmann, Ludwig, 1900-02
« Über die Prinzipien der Mechanik. Zwei akademische Antrittsreden » (1900, 1902), Leipzig, Barth, 1903 ; in *id.*, 1905 (1979), 170-198. « Sur les principes de la mécanique », Leçons inaugurales tenues à Leipzig et à Vienne, in *id.*, 1987, 43-70.

Boltzmann, Ludwig., 1904
« Über statistische Mechanik » (1904), in *id.*, 1905 (1979), 206-224.

Boltzmann, Ludwig, 1905
« Über eine These Schopenhauers », in *id.*, 1905 (1979), 240-257. « À propos d'une thèse de Schopenhauer », in *id.*, 1987, 119-134.

Boltzmann, Ludwig, 1905 (1979)
Populäre Schriften, Leipzig, Barth. 2e éd., Braunschweig, Vieweg, 1979.

Boltzmann, Ludwig, 1909
Wissenschaftliche Abhandlungen, 3 vol., éd. Fritz Hasenöhrl, Leipzig, Barth.

Boltzmann, Ludwig, 1974
Theoretical Physics and Philosophical Problems, éd. Brian McGuinness, tr. Paul Foulkes, Dordrecht, Reidel [*Vienna Circle Collection*, vol. 5].

Boltzmann, Ludwig, 1987
Voyage d'un professeur allemand en Eldorado, et autres « Écrits populaires ». Présentation de J.-P. Scheidecker, tr. U. Bockskopf et D. Aviat, Paris, Actes Sud.

Boltzmann, Ludwig, 1990
Principien der Naturfilosofi, Lectures on Natural Philosophy 1903-1906, éd. et tr. Ilse M. Fasol-Boltzmann, Springer, Berlin.

Bonk, Thomas (éd.), 2003
Language, Truth and Knowledge. Contributions to the Philosophy of Rudolf Carnap, éd. Thomas Bonk, Dordrecht, Kluwer, [*Vienna Circle Institute Library*, vol. 2].

Bouveresse, Jacques, 1991
« Hertz, Boltzmann et le problème de la « vérité » des théories », in *La vérité est-elle scientifique ?* », éd. André Lichnérowicz et Gilbert Gadoffre, Paris, Éditions Universitaires, 117-141.

Bouveresse, Jacques, 1995
Langage, perception et réalité, Nîmes, J. Chambon.

Brenner, Anastasios, 1990
Duhem. Science, réalité et apparence, Paris, Vrin.

Cahan, David (éd.), 1993
Hermann von Helmholtz and the Foundations of Nineteenth-Century Science, Berkeley, University of California Press.

Carnap, Rudolf, 1922
« Der Raum. Ein Beitrag zur Wissenschaftslehre », *Kantstudien, Ergänzungshefte*, 56, 32-59. *Der Raum. Ein Beitrag zur Wissenschaftslehre*, Berlin, von Reuther & Reichard.

Carnap, Rudolf, 1927
« Eigentliche und Uneigentliche Begriffe », *Symposium, Philosophische Zeitschrift für Forschung und Aussprache*, 1, 355-374.

Carnap, Rudolf, 1928a (2000)
Untersuchungen zur allgemeinen Axiomatik, éd. Thomas Bonk et Jesus Mosterin, Darmstadt, Wissenschaftliche Buchgesellschaft, 2000.

Carnap, Rudolf, 1928b (2002)
Der logische Aufbau der Welt, Berlin, Weltkreis. 2e éd. Hambourg, Meiner, 1961. Réimpr. de la 1e éd., Hamburg, Meiner, 1998. *La construction logique du monde*, tr. Thierry Rivain, introd. Élisabeth Schwartz, Paris, Vrin, 2002.

Carnap, Rudolf, 1934a
« On the Character of Philosophical Problems », *Philosophy of Science*, 1, 5-19. Repr. in Sarkar, S., 1966b, 59-73.

Carnap, Rudolf, 1934b
Logische Syntax der Sprache, Vienne, Springer [*Schriften zur wissenschaftlichen Weltauffassung*, vol. 8]. 2e éd., Vienne, Springer, 1968.

Carnap, Rudolf, 1956a (1977)
Meaning and Necessity. A Study in Semantics and Modal Logic, 2e éd. augm., Chicago, The University of Chicago Press. *Signification et nécessité. Une recherche en sémantique et en logique modale*, tr. François Rivenc et Philippe de Rouilhan, Paris, Gallimard, 1977.

Carnap, Rudolf, 1956b
« The Methodological Character of Theoretical Concepts », in *The Foundations of Science and the Concepts of Psychology and Psychoanalysis*, éd. Herbert Feigl et Michael Scriven, Minneapolis, University of Minnesota Press [*Minnesota Studies in the Philosophy of Science*, vol. 1], 38-76.

Carnap, Rudolf, 1958
« Beobachtungssprache und theoretische Sprache », *Dialectica*, 12, 236-248.

Carnap, Rudolf, 1963a
« Intellectual Autobiography », in Schilpp, P. A. (éd.), 1963, 3-84.

Carnap, Rudolf, 1963b
« Replies and Systematic Expositions », in Schilpp, P. A. (éd.), 1963, 859-1013.

Cartwright, Nancy *et al.* (éd.), 1996
Otto Neurath : Philosophy Between Science and Politics, Cambridge, Cambridge University Press.

Cavaillès, Jean, 1938 (1981)
Méthode axiomatique et formalisme. Essai sur le problème du fondement des mathématiques, préf. de Henri Cartan, introd. de Jean-Toussaint Desanti, Paris, Hermann, 1981.

Chevalley, Catherine, 1991
« Épistémologie », in *Niels Bohr, Physique atomique et connaissance humaine*, éd. *id.*, Paris, Gallimard, 422-442.

Cirera, Ramon, 1994
Carnap and the Vienna Circle, Empiricism and Logical Syntax, tr. Dick Edelstein, Amsterdam, Rodopi [*Studien zur Österreichischen Philosophie*, vol. 23].

D'Agostino, Salvo, 1993
« Boltzmann and Hertz on the Bild-Conception of Physical Theories », in *Proceedings of the International Symposium on Ludwig Boltzmann (Rome, 1979)*, éd. Giovanni Battimelli *et al.*, Vienne, Österreichische Akademie der Wissenschaften, 75-94.

Dahms, Hans-Joachim, 1982
« Die 'Gedanken' Wittgensteins und anderer », in *Sprache und Ontologie. Akten des 6. internationalen Wittgenstein-Symposiums, Kirchberg 1981*, éd. Elisabeth Leinfellner, Vienne, Hölder-Pichler-Tempsky, 433-441.

Dahms, Hans-Joachim (éd.), 1985
Philosophie, Wissenschaft, Aufklärung. Beiträge zur Geschichte und Wirkung des Wiener Kreises, Berlin, de Gruyter.

Dahms, Hans-Joachim, 1994
Positivismusstreit. Die Auseinandersetzungen der Frankfuerter Schule mit dem logischen Positivismus, dem amerikanischen Pragmatismus und dem kritischen Rationalismus, Francfort-sur-le-Main, Suhrkamp.

Dahms, Hans-Joachim, 1995
« The Emigration of the Vienna Circle », in *Vertreibung der Vernunft. The Cultural Exodus from Austria*, éd. Friedrich Stadler et Peter Weibel, Vienne, Springer, 57-79.

Diederich, Werner, 1974
Konventionalität in der Physik, Berlin, Dunker & Humblot [*Erfahrung und Denken*, vol. 42].

Dugas, René, 1959
La théorie physique au sens de Boltzmann, préf. de Louis de Broglie, Neuchâtel, Griffon.

Duhem, Pierre, 1892-94
« Commentaires aux principes de la thermodynamique », *Journal de mathématiques pures et appliquées*. I : 8, 1892, 269-330 ; II : 9, 1893, 293-359 ; III : 10, 1894, 207-285.

Duhem, Pierre, 1903 (1992)
L'Évolution de la mécanique, Paris, Joanin ; Paris, Vrin, 1992.

Duhem, Pierre, 1906 (1981)
La théorie physique. Son objet, sa structure, Paris, Chevalier & Rivière. 2e éd. rév. et augm. 1914 ; Paris, Vrin, 1981.

Duhem, Pierre, 1908a (1982)
Sauver les phénomènes [Sozein ta phainomena]. *Essai sur la notion de théorie physique de Platon à Galilée*, Paris, Hermann. Paris, Vrin, 1982.

Duhem, Pierre, 1908b
« La valeur de la théorie physique », compte-rendu de Abel Rey, *La théorie de la physique chez les physiciens contemporains* (1907), *Revue des Sciences pures et appliquées*, 19, 7-19. Repr. in *id.*, 1981, 473-509.

Duhem, Pierre, 1911
Traité d'énergétique ou thermodynamique générale, 2 vol., Paris, Gauthier-Villars.

Feigl, Herbert, 1981
Inquiries and Provocations. Selected Writings, 1929-1974, éd. Robert S. Cohen, Dordecht, Reidel.

Frank, Philipp, 1949 (1975)
Modern Science and Its Philosophy, Cambridge, MA, Harvard University Press. Réimpr. New York, Arno Press, 1975.

Frank, Philipp., 1957
Philosophy of Science. The Link Between Science and Philosophy, Englewood Cliffs, NJ, Prentice-Hall.

Frege, Gottlob, 1879 (1999)
Begriffsschrift, eine der arithmetischen nachgebildete Formelsprache des reinen Denkens [Idéographie, un langage formulaire de la pensée pure modelé sur celui de l'arithnmétique], Halle, Nebert. Réimpr. in *id., Begriffsschrift und andere Aufsätze*, éd. Ignacio Angelelli, Hildesheim, Olms, 1964. Darmstadt, Wissenschaftliche Buchgesellschaft, 1977. *Idéographie*, tr. et notes de Christine Besson, Paris, Vrin, 1999.

Freuler, Léo, 1995
« Les tendances majeures de la philosophie autour de 1900 », in *Les savants et l'épistémologie vers la fin du XIXe siècle*, éd. Marco Panza et Jean-Claude Pont, Paris, Albert Blanchard, 1-15.

Friedman, Michael, 1992
« Epistemology in the Aufbau », *Synthese*, 93, 15-57. Repr. avec « post-script » in *id.*, 1999, chap. 6, 114-162.

Friedman, Michael, 1994
« Geometry, Convention, and the Relativized A Priori", in *Logic, Language, and the Structure of Scientific Theories*, éd. Wesley Salmon et

Gereon Wolters, Pittsburgh, University of Pittsburgh Press, 21-34. Repr. in *id.*, 1999, chap. 3, 59-70.

Friedman, Michael, 1995a
« Carnap and Weyl on the Foundations of Geometry and Relativity Theory », *Erkenntnis*, 42, 247-260. Repr. in *id.*, 1999, chap. 2, 44-58.

Friedman, Michael, 1995b
« Poincaré's Conventionalism and the Logical Positivists », *Foundations of Science*, 1, 299-314. Repr. in *id.*, 1999, chap. 4, 71-86.

Friedman, Michael, 1997
« Helmholtz's *Zeichentheorie* and Schlick's *Allgemeine Erkenntnislehre*. Early Logical Positivism and Its Nineteenth-Century Background », *Philosophical Topics*, 25, 19-50.

Friedman, Michael, 1999
Reconsidering Logical Positivism, Cambridge, Cambridge University Press.

Friedman, Michael et Richard Creath (éd.), 2007
The Cambridge Companion to CARNAP, Cambridge, Cambridge University Press.

Gauthier, Yvon, 2005
Entre science et culture. Introduction à la philosophie des sciences, Montréal, Les Presses de l'Université de Montréal.

Giedymin, Jerzy, 1982
Science and Convention. Essays on Henri Poincaré's Philosophy of Science and the Conventionalist Tradition, Oxford, Pergamon Press.

Giere, Ronald et Alan Richardson (éd.), 1996
Origins of Logical Empiricism, Minneapolis, University of Minnesota Press [*Minnesota Studies in the Philosophy of Science*, vol. 16].

Greffe, Jean-Louis, Gerhard Heinzmann et Kuno Lorenz (éd.), 1996
Henri Poincaré. Science et Philosophie, Berlin, Akademie Verlag ; Paris, Albert Blanchard.

Haller, Rudolf, 1993
Neopositivismus. Eine historische Einführung in die Philosophie des Wiener Kreises, Darmstadt, Wissenschaftliche Buchgesellschaft.

Haller, Rudolf et Friedrich Stadler (éd.), 1993
Wien-Berlin-Prag. Der Aufstieg der wissensschaftliche Philosophie, Vienne, Hölder-Pichler-Tempsky.

Hardcastle, Gary et Alan Richardson (éd.), 2003
Logical Empiricism in North America, Minneapolis, University of Minnesota Press [*Minnesota Studies in the Philosophy of Science*, vol. 18].

Hatfield, Gary, 1990
The Natural and the Nornative. Theories of Visual Perception from Kant to Helmholtz, Cambridge, MA, MIT Press.

Heidelberger, Michael, 1993
« Force, Law, and Experiment. The Evolution of Helmholtz's Philosophy of Science », in Cahan, D., 1993, 461-497.

Heidelberger, Michael, 1994
« Helmholtz's Erkenntnis- und Wissenschaftstheorie im Kontext der Philosophie und Naturwissenchaft des 19. Jahrhunderts », in Krüger, L., 1994a, 168-185.

Helmholtz, Hermann von, 1847 (1869)
Über die Erhaltung der Kraft. Eine physikalische Abhandlung, Berlin, Reimer. Repr. in *Wissenschaftliche Abhandlungen*, vol. I, Leipzig, Barth, 1882, 12-75 (incluant un appendice de 1881). *Mémoire sur la conservation de la force*, tr. Louis Pérard, Paris, Masson, 1869.

Helmholtz, Hermann von, 1852 (1992)
« Ueber die Natur der menschlischen Sinnesempfindungen », in *id.*, *Wissenschaftliche Abhandlungen*, vol. II, Leipzig, Barth, 1883, 591-609. « Sur la nature des impressions sensibles de l'homme », tr. Roberto Casati et Jérôme Dokic, présentation de Roberto Casati, *Philosophie*, 33, 1992, 5-32.

Helmholtz, Hermann von, 1863 (1990)
Die Lehre von den Tonempfindungen als physiologische Grundlage für die Theorie der Musik, Braunschweig, Vieweg. 6e éd., 1913. *Théorie physiologique de la musique*, 2 vol., tr. M. G. Guéroult et M. Wolff, Paris, Masson, 1868-1874 ; rééd. Paris, Gabay, 1990.

Helmholtz, Hermann von, 1866
« Über die tatsächlichen Grundlagen der Geometrie », in *Wissenschaftliche Abhandlungen*, vol. II, Leipzig, Barth, 1883, 610-617.

Helmholtz, Hermann von 1856-67 (1989)
Handbuch der physiologischen Optik, 3 vol., Leipzig, Voss, I : 1856 ; II : 1860 ; III : 1867. *Optique physiologique*, tr. E. Javal et T. Klein, Paris, Masson, 1867 ; rééd. Paris, Gabay, 1989.

Helmholtz, Hermann von, 1868
« Über die Tatsachen, die der Geometrie zum Grunde liegen », in *id.*, *Wissenschaftliche Abhandlungen*, vol. II, Leipzig, Barth, 1883, 618-639.

Helmholtz, Hermann von, 1869
« Über das Ziel und die Fortschritte der Wissenschaft », in *Vorträge und Reden*, vol. I, 5e éd., Braunschweig, Vieweg, 1903, 367-398. Repr. in *id.*, *Das Denken in der Naturwissenschaft*, Darmstadt, Wissenschaftliche Buchgesellschaft, 1968, 31-61.

Helmholtz, Hermann von, 1870
« Über den Ursprung und die Bedeutung der geometrischen Axiome », in *Vorträge und Reden*, vol. II, 5e éd., Braunschweig, Vieweg, 1903, 1-31.

Helmholtz, Hermann von, 1878a (2003)
« Die Thatsachen in der Wahrnehmung », in *id.*, *Vorträge und Reden*, vol. II, 5e éd., Braunschweig, Vieweg, 1903, 213-247 ; 387-406 ; réimpression *Die Tatsachen in der Wahrnehmung / Zählen und Messen*, Darmstadt, Wissenschaftliche Buchgesellschaft, 1959, 7-74. « Les faits dans la perception », tr. Alexandre Métraux, *Philosophia scientiae*, 7, 2003, 49-78.

Helmholtz, Hermann von, 1878b
« Über den Ursprung und Sinn der geometrischen Sätze : Antwort gegen Herrn Professor Land », in *Wissenschaftliche Abhandlungen*, vol. II, Leipzig, Barth 1883, 640-660.

Helmholtz, Hermann von, 1894
Einleitung zu den Vorlesungen über theoretische Physik, éd. Arthur König et Carl Runge, Leipzig, Barth, 1894, 1903.

Hempel, Carl G., 1977
« Die Wissenschaftstheorie des analytischen Empirismus im Lichte zeitgenössischer Kritik », in *Logik-Ethik-Theorie der Geisteswissenschaften. Kongressberichte des XI. Deutschen Kongresses für Philosophie, Göttingen, 1975*, éd. Günther Patzig *et al.*, Hambourg, Meiner, 20-34.

Hempel, Carl G., 2000
« Intellectual Autobiography », in *Science, Explanation, and Rationality. Aspects of the Philosophy of Carl G. Hempel*, éd. James Fetzer, Oxford, Oxford University Press, 3-35.

Hertz, Heinrich, 1894
Die Prinzipien der Mechanik, in *id.*, *Gesammelte Werke*, vol. III, Leipzig, Barth.

Hilbert, David, 1899 (1971)
Grundlagen der Geometrie, Leipzig, Teubner. 10e éd. rév. et augm. par Paul Bernays, Stuttgart, Teubner, 1968. *Les fondements de la géométrie*, Paris, Dunod, 1971.

Hilbert, David, 1917
« Axiomatisches Denken », *Mathematische Annalen*, 78, 405-415. Repr. in *id.*, *Gesammelte Abhandlungen*, vol. III, New York, Chelsea, 1965, 146-156.

Howard, Don, 1992
« Einstein and *Eindeutigkeit* : A Neglected Theme in the Philosophical Background to Relativity, in *Studies in the History of General Relativity*, *Einstein Studies*, vol. 3, Boston, Birkäuser, 154-243.

Howard, Don, 1994
« Einstein, Kant, and the Origins of Logical Empiricism », in *Language, Logic, and the Structure of Scientific Theories : The Carnap-Reichenbach Centennial*, éd. Wesley Salmon et Gereon Wolters, University of Pittsburgh Press, Pittsburgh, 45-105.

Howard, Don, 1996
« Relativity, *Eindeutigkeit*, and Monomorphism : Rudolf Carnap and the Development of the Categoricity Concept in Formal Semantics », in Giere, R. et A. Richardson, 1996, 115-164.

Kant, Immanuel, 1781 (2001)
Kritik der reinen Vernunft, Riga, 1781. 2e. éd., 1787. Réimpr. en facsimilé, Berlin, De Gruyter, 1968. *Critique de la raison pure*, tr. Alain Renault, Paris, Flammarion, 2001.

Kirchhoff, Gustav, 1874
Vorlesungen über mathematische Physik. Mechanik, Leipzig, Teubner. 2e éd. 1877.

Kraft, Viktor, 1950 (1953)
Der Wiener Kreis. Der Ursprung des Neopositivismus, Vienne, Springer. 2e éd. augm., 1968. *The Vienna Circle. The Origins of Neo-Positivism*, tr. Arthur Pap, New York, Philosophical Library, 1953.

Krauth, Lothar, 1970
Die Philosophie Carnaps, Berlin, Springer.

Kruger, Lorenz (éd.), 1994a
Universalgenie Helmholtz. Rückblick nach 100 Jahren, Berlin, Akademie Verlag.

Krüger, Lorenz, 1994b
« Helmholtz über die Begreiflichkeit der Natur », in *id.*, 1994a, 201-215.

Kruntorad, Paul (éd.), 1991
Jour Fixe der Vernunft. Der Wiener Kreis und die Folgen, en collab. avec Rudolf Haller et Willy Hochkeppel, Vienne, Hölder-Pichler-Tempsky.

Lecourt, Dominique, 1972
Pour une critique de l'épistémologie, Paris, Maspéro.

Lecourt, Dominique, 1973
Une crise et son enjeu, Paris, Maspéro.

Lecourt, Dominique, 1975

Marxism and Epistemology. Bachelard, Canguilhem, and Foucault, tr. Ben Brewster, Londres, New Left Press.

Lenoir, Timothy, 1993

« The Eye as Mathematician. Clinical Practice, Instrumentation, and Helmholtz' Construction of an Empiricist Theory of Vision », in Cahan, D., 109-153.

Leroux, Jean, 1988

La sémantique des théories physiques, Ottawa, Les Presses de l'Université d'Ottawa [*Philosophica*, vol. 34].

Leroux, Jean, 1992

« L'épistémologie de Helmholtz et la question du réalisme scientifique », *Horizons philosophiques*, vol. II-2, 83-107.

Leroux, Jean, 1995

« Helmholtz and Modern Empiricism », in *Québec Studies in the Philosophy of Science, Vol. I. Logic, Mathematics, Physics and History of Science*, éd. Mathieu Marion et Robert S. Cohen, Dordrecht, Kluwer [*Boston Studies in the Philosophy of Science*, vol. 177], 287-296.

Leroux, Jean, 2001

« 'Picture Theories' as Forerunners of the Semantic Approach to Scientific Theories », *International Studies in the Philosophy of Science*, 15, 189-197.

Leroux, Jean, 2002

« Le structuralisme strict de Carnap », in *Carnap aujourd'hui*, éd. François Lepage *et al.*, Paris, Vrin [*Analytiques*, vol. 14], 137-151.

Lindenfeld, David, 1980

The Transformation of Positivism, Berkeley, University of California Press.

Lützen, Jesper, 2005

Mechanistic Images in Geometric Form. Heinrich Hertz's Principles of Mechanics, Oxford, Oxford University Press.

Mach, Ernst, 1868

« Über die Definition der Masse », (Carl's) *Repertorium der Experimental Physik*, 4, 355. Réimpr. in *id.*, *Erhaltung der Arbeit*, 1872, 2e éd. Leipzig, 1909.

Mach, Ernst, 1872

Die Geschichte und die Wurzel des Satzes von der Erhaltung der Arbeit, Prague, Beyer. 2e éd., 1909.

Mach, Ernst, 1883 (1987)

Die Mechanik in ihrer Entwicklung historisch-kritisch dargestellt, Leipzig, Brockhaus. Réimpr. de la 9e éd. de 1933, Darmstadt, Wissenschaftliche

Buchgesellschaft, 1982. *La mécanique, exposé historique et critique de son développement*, tr. sur la 4e éd. de 1901 par E. Bertrand, Paris, Hermann, 1904, 1925. Paris, Gabay, 1987.

Mach, Ernst, 1905 (1908)
Erkenntnis und Irrtum. Skizzen zur Psychologie der Forschung, Leipzig, Barth. *La connaissance et l'erreur*, tr. M. Dufour, Paris, Flammarion, 1908.

Majer, Ulrich, 1985
« Hertz, Wittgenstein und der Wiener Kreis », in Dahms, H.-J., 1985a, 40-66.

Menger, Karl, 1994
Reminiscences of the Vienna Circle and the Mathematical Colloquium, éd. Louise Golland *et al.*, Dordrecht, Kluwer [*Vienna Circle Collection*, vol. 20].

Miller, Arthur I., 1986
Imagery in Scientific Thought, Creating 20th-Century Physics, Boston, Birkhäuser. Cambridge, MA, MIT Press.

Mormann, Thomas, 2000
Rudolf Carnap, Munich, Beck.

Nagel, Ernst, 1961
The Structure of Science : Problems in the Logic of Scientific Explanation, New York, Hartcourt, Brace & World. 2e éd., Indianapolis, Hackett, 1979.

Neurath, Otto, 1929 (1985)
Wissenschaftliche Weltauffassung – Der Wiener Kreis, en collaboration avec Rudolf Carnap et Hans Hahn, Vienne, Wolf. Repr. in *id.*, *Wissenschaftliche Weltauffassung, Sozialismus und logischer Empirismus*, éd. Rainer Hegselmann, Francfort-sur-le-Main, Suhrkamp, 1979, 81-101. « La conception scientifique du monde. Le Cercle de Vienne », tr. Barbara Cassin *et al.*, in *Manisfeste du Cercle de Vienne et autres écrits*, éd. Antonia Soulez, Paris, PUF, 1985, 108-151.

Neurath, Otto, 1932 (1985)
« Protokolsätze », *Erkenntnis*, 3, 204-214. « Énoncés protocolaires », tr. Jan Sebestik et Antonia Soulez, in *Manisfeste du Cercle de Vienne et autres écrits*, éd. Antonia Soulez, Paris, PUF, 1985, 221-231.

Ostwald, Wilhelm, 1895
Die Überwindung des wissenschaflichen Materialismus, Leipzig, Veit.

Paty, Michel, 1986
« Mach et Duhem. L'Épistémologie de 'savants-philosophes' », in *Épistémologie et matérialisme*, éd. Oliver Bloch, Paris, Klincksieck, 177-217.

Poincaré, Henri, 1902
La science et l'hypothèse, Paris, Flammarion.

Poincaré, Henri, 1905
La valeur de la science, Paris, Flammarion.

Poincaré, Henri, 1908
Science et méthode, Paris, Flammarion.

Popper, Karl, 1953
« A Note on Berkeley as Precursor of Mach », *The British Journal for the Philosophy of Science*, 4, 1953, 26-36.

Pourprix, Bernard, et Lubert, Jacqueline, 2004
L'Aube de la physique de l'énergie. Helmholtz, rénovateur de la dynamique, Paris, Vuibert-Adapt.

Putnam, Hilary, 1994
Words and Life, Cambridge, MA, Harvard University Press.

Reck, Erich et Steve Awodey, 2004
Frege's Lectures on Logic. Carnap's Student Notes, 1910-1914, éd. et tr. Erich Beck et Steve Awodey, avec une introd. de *id.* et de G. Gabriel, Chicago, Open Court [*Archive of Scientific Philosophy Hillman Library, University of Pittsburgh*, vol. 1].

Reichenbach, Hans, 1951
The Rise of Scientific Philosophy, Berkeley, University of California Press.

Reisch, George, 2005
How the Cold War Transformed Philosophy of Science : To the Icy Slopes of Logic, New York, Cambridge University Press.

Rey, Abel, 1907
La théorie de la physique chez les physiciens contemporains, Paris, Alcan. 3e éd. 1930.

Richardson, Alan, 1996a
« Origins of Logical Empiricism », in Giere, R. et A. Richardson (éd)., 1996, Introduction, 1-13.

Richardson, Alan, 1996b
« From Epistemology to the Logic of Science : Carnap's Philosophy of Empirical Knowledge in the 1930s », in Giere, R. et A. Richardson (éd)., 1996, 309-332.

Richardson, Alan, 1998
Carnap's Construction of the World, Cambridge, Cambridge University Press.

Richardson, Alan et Thomas Uebel (éd.), 2007
The Cambridge Companion to Logical Empiricism, Cambridge, Cambridge University Press.

Rivenc, François, 1993
Recherches sur l'universalisme logique. Russell et Carnap, Paris, Payot & Rivages.

Sarkar, Sahotra (éd.) 1996a
Science and Philosophy in the Twentieth Century. Basic Works of Logical Empiricism. Vol 1 : The Emergence of Logical Empiricism. From 1900 to the Vienna Circle, New York, Garland.

Sarkar, Sahotra (éd.), 1996b
Science and Philosophy in the Twentieth Century. Basic Works of Logical Empiricism. Vol 2 : Logical Empiricism at its Peak. Schlick, Carnap, and Neurath, New York, Garland.

Sarkar, Sahotra (éd.), 1996c
Science and Philosophy in the Twentieth Century. Basic Works of Logical Empiricism. Vol 6 : The Legacy of the Vienna Circle. Modern Reappraisals, New York, Garland.

Sauer, Werner, 1985
« Carnaps 'Aufbau' in kantianischer Sicht », *Grazer Philosophische Studien*, 23, 19-35.

Sauer, Werner, 1989
« On the Kantian Background of Neopositivism », in *Topos*, 8, 111-119. Repr. in Sarkar, S., 1996c, 1-9.

Scheibe, Erhard, 2006
Die Philosophie der Physiker, Munich, Beck.

Schilpp, Paul Arthur (éd.), 1963
The Philosophy of Rudolf Carnap, La Salle, IL, Open Court [*The Library of Living Philosophers*].

Schlick, Moritz, 1917
Raum und Zeit in der gegenwärtigen Physik. Zur Einführung in das Verständnis der Relativitäts- und Gravitationstheorie, Berlin, Springer. 2e éd., 1919 ; 3e éd., 1920 ; 4e éd. augm., 1922.

Schlick, Moritz, 1918
Allgemeine Erkenntnislehre, Berlin, Springer. 2e éd., Berlin, Springer, 1925.

Sebestik, Jan et Antonia Soulez (éd.), 1992
Wittgenstein et la philosophie aujourd'hui, Paris, Klincksieck.

Sinaceur, Hourya, 1993
« Du formalisme à la constructivité : le finitisme », *Revue Internationale de Philosophie*, 47, 251-283.

Soulez, Antonia, 1985
Manisfeste du Cercle de Vienne et autres écrits, Paris, PUF.

Stadler, Friedrich, 1992
« Ludwig Wittgenstein et le Cercle de Vienne, entre la réception et le plagiat », in Sebestik, J. et A. Soulez, 1992, 323-336.

Stadler, Friedrich (éd.), 1993
Scientific Philosophy : Origins and Developments, Dordrecht, Kluwer.

Stadler, Friedrich, 1997
Studien zum Wiener Kreis. Ursprung, Entwicklung und Wirkung des Logischen Empirismus im Kontext, Francfort-sur-le-Main, Suhrkamp.

Tarski, Alfred, 1936 (1972)
« Der Wahrheitsbegriff in den formalisierten Sprachen », *Studia Philosophica*, 1, 261-405. « Le concept de vérité dans les langages formalisés », in *id.*, *Logique, Sémantique, Métamathématique*, vol. I, Paris, Colin, 1972, 157-269.

Tarski, Alfred, 1944 (1974)
« The Semantic Conception of Truth and the Foundations of Semantics », *Philosophy and Phenomenological Research*, 4, 341-376. « La conception sémantique de la vérité et les fondements de la sémantique », in *id.*, *Logique, Sémantique et Métamathématique*, vol. II, Paris, Colin, 1974, 265-305.

Uebel, Thomas (éd.), 1991
Rediscovering the Forgotten Vienna Circle, Dordrecht, Kluwer [*Boston Studies in the Philosophy of Science*, vol. 133].

van Fraassen, Bas, 1989 [1994]
Laws and Symmetry, Oxford, Clarendon Press. *Lois et symétrie*, présentation et tr. Catherine Chevalley, Vrin, Paris.

Wittgenstein, Ludwig, 1922 (1993)
Tractatus logico-philosophicus, tr. C. K. Ogden et F. P. Ramsey, Londres, Routledge & Kegan Paul. *Tractatus logico-philosophicus*, tr., préambule et notes de Gilles-Gaston Granger, Paris, Gallimard, 1993.

Table des matières

LE CERCLE DE VIENNE